本书由亚太森林恢复与可持续管理组织"基于自然教育体系的研发"项目支持

自然解说员培训指南

NATURE INTERPRETER TRAINING MANUAL

马红　赵敏燕　邵丹　王书贞　王清春　姚爱静　著

中国林业出版社

图书在版编目（ＣＩＰ）数据

自然解说员培训指南 / 马红等著. -- 北京 : 中国
林业出版社, 2022.4（2024.9重印）

ISBN 978-7-5219-0939-5

Ⅰ.①自… Ⅱ.①马… Ⅲ.①自然地理学－教育培训
－指南 Ⅳ.①P9-62

中国版本图书馆CIP数据核字(2020)第260470号

中国林业出版社·自然保护分社（国家公园分社）

策划编辑：刘家玲
责任编辑：葛宝庆
电　　话：010-83143612

出　　版：中国林业出版社（100009　北京西城区刘海胡同7号）
网　　址：http://www.forestry.gov.cn/lycb.html
发　　行：中国林业出版社
印　　刷：河北京平城乾印刷有限公司
版　　次：2022年4月第1版
印　　次：2024年9月第2次
开　　本：787mm×1092mm　1/16
印　　张：9
字　　数：180千字
定　　价：68.00元

PREFACE
前言

　　人与自然的关系虽常被人们思考、探讨、研究，但其实人类依赖自然、信服自然、享受自然的"自然属性"稳定存在于我们的血液中。人类虽然经过漫长进化，学会了直立行走，开始了制造工具，并在火的帮助下走出原本生活的丛林，慢慢地搬进了村庄和城市，改变了生产方式，改善了生活条件，然而埋藏在人们内心的自然情怀依然存在。伴随着科学技术进步、人口增长和城市化的高速进程，全球的自然环境面临着前所未有的危机，气候变化、生物多样性减少、土地沙漠化、大气污染、淡水资源短缺、海洋污染等诸多问题使社会公众感到恐慌不安、担忧未来。这时，正确地解说人与自然之间的关系，为公众营造感受真相、认识危害的学习体验过程，引导他们积极参与到生态保护事业中显得尤为重要。

　　自然解说（nature interpretation）作为一种资源和公众之间的信息交流服务，运用某种媒介和表达方式，阐释自然现象背后所代表的含意，引导公众获得知性、感性与灵性兼具的游憩体验，进而对周围的环境有所知晓与了解，提升公众对自然环境的敏感性，激发他们保护自然的态度和行为，并达到教育、保护、体验和管理的基本功能。自从1871年"自然解说"一词首次出现至今，经过一个半世纪的发展，自然解说已经成为美国、加拿大、英国等国家的大学专业课程，形成了较为系统的人才培养制度，资格认证体系标准也已确立，受训人才支持国家公园、自然保护区、博物馆、水族馆等场所的公共服务，自然解说的发展进入成熟期的初级阶段，成为传播全球自然保护和环境运动的理念、知识、技术的最重要途径。

自然解说在我国的发展要滞后于欧美发达国家，近几年北京大学、北京师范大学等高校才开设了"自然解说"的硕士、博士专业，国家林业和草原局、住房和城乡建设部等政府部门也逐渐开始重视自然解说系统的规划与标准体系建设。2014年开始，北京市园林绿化局开始组织开展自然解说员培训，至今已经时过6载，培训的200多名自然解说员，大多数都努力奋斗在一线的自然解说工作中，并取得了显著的成效。多年的自然解说员培训工作积累了丰富的经验和数据，系统地总结、分析和沉淀出一本自然解说员培训教材已经水到渠成。

本书主要分为8章，从自然解说的基本概念和发展历程开始，到自然解说的原则、内容、过程和主要形式，详细阐述了自然解说目标确定、资源评估、访客分析、主旨选择、方法比较和效果评估的具体要求和过程，并以北京自然解说员的成长故事为实际案例，系统解析了自然解说员培训方案和培训体系。"他山之石，可以攻玉"，本书还汇集了美国、日本、韩国等不同国家在自然解说领域的人才培养体制机制、课程体系、资格等级和学业要求等方面的经验，为我们今后自然解说人才的培养提供借鉴。

自然解说是一个学科专业，是一个行业领域，更是一项伟大事业，在生态文明建设成为我国社会发展的"五指"之一之后，如何让"五指"并拢融合成强有力的手掌，是当今社会面临的一项宏伟工程，自然解说成为这项工程的关键推动力。充足的自然解说人才和成熟的自然解说方法是沟通生态保护与社会发展的桥梁，必将成为中国特色社会主义发展新阶段的重要标志，本书亦将成为一本里程碑式的参考书。

本书的编写得到自然教育领域各位专家学者的支持与鼓励，感谢北京市林业碳汇工作办公室和北京林学会对此书出版给予的帮助，特别感谢亚太森林恢复与可持续管理组织，其"基于自然教育的教材研发"项目全资支持了本书的编写与出版。由于时间仓促，书中难免存在疏漏之处，欢迎读者朋友指正。希望本书的出版能为自然教育的发展、为自然教育的人才队伍建设提供有益的帮助。

著者

2020年10月

CONTENTS
目录

第三章

自然解说理论基础 25

第四章

自然解说六步曲 35

第一章

自然解说
概述

　　原始人类经过5000多万年的漫长进化，学会了直立行走，开始了制造工具，火的使用帮助了人类走出原本生活的丛林，慢慢地搬进了村庄和城市，改变了生产方式，改善了生活条件，然而埋藏在人们内心的自然情怀依然存在。尤其是身处经济快速增长的城市居民，面临各种生态问题的凸显，公众生态游憩需求日益增长，向往回归自然、亲近自然、热爱自然的内心需求更加强烈。自然解说（nature interpretation）作为一种资源和公众之间的信息交流服务，引导公众获得知性、感性与灵性兼具的游憩体验，进而对周围的环境有所知晓与了解，提升公众对自然环境的敏感性，激发他们保护自然的态度和行为，这也正是自然解说的精髓——阐释现象背后所代表的含义。

第一节　自然解说的相关概念

自然解说（natural interpretation）是一种信息传递的服务，运用某种媒介和表达方式，阐释自然现象背后所代表的含义，以期激励公众对自然环境产生新的认知与热忱，并达到教育、保护、体验和管理的基本功能。

自然解说（natural interpretation）与解说（interpretation）、环境解说（environmental interpretation）、遗产解说（heritage interpretation）、旅游解说（tourism interpretation）等名词常出现混淆互用或者相提并论的现象。笔者认为这种"解说+"模式证明了"解说"作为一种多功能综合体，在不同领域中被广泛认可和应用，而且强调了对不同解说对象的特定性目标。例如，自然解说是以自然教育和生态保护为目的[1]，环境解说（environmental interpretation）服从于环境教育目的，遗产解说侧重于古迹保护与文化传承[2]，旅游解说偏重于旅游服务与教育功能[3]。长期以来，许多自然学家、生态学家与哲学家倡导自然解说，借由传播自然知识与环境伦理来达到生态保护的目的，此乃自然保护的根本做法，也是解说发展的历史渊源。

第二节 自然解说的发展历程

历史上最初的解说开始于人与自然之间关系的认识，早在公元前600年，中国哲学家老子以"道法自然"来解说天地间万事万物的自然运行规律，一直流传至今[4]。可惜在中国，解说的研究没有转变成实用性的学科，反而仅止于哲学境界的论述。随着人类对自然界的不断探索和认识，人们开始利用不同方式记录、表达和诠释与自然的关系，最具有说服力的证据是法国洞穴内发现人类猎捕动物的壁画，这些图画表现了史前人类对自然现象的观察和思考，如太阳、星星和月亮的运动以及光、火、雨等。自然解说历经4个时期发展至今。

一、自然解说的萌芽期
（19世纪末期至20世纪初期）

1850年工业革命时期，生产力得到很大的解放，人们开始寻找休闲的时间来放松与享受生活。19世纪末期，欧美发达国家成立国家公园，为国民提供享受自然与文化遗产的公共游憩场所，自然学家们（naturalist）以"自然向导"（nature guiding）的身份在国家公园内工作，向游客介绍公园内的自然资源，约翰·缪尔（John Muir）是当时美国最著名和最具影响力的自然生态保护的倡导者，被尊称为"国家公园之父"，他于1871年首次在自然解说中使用"解说（interpretation）"一词，并后期被美国国家公园管理局（National Parks Services, NPS）正式采用，这标志着解说作为一个专有词汇而出现，自然解说发展进入萌芽阶段，为自然解说的形成和发展播种下了"种子"[5]。

二、自然解说的形成期
（20世纪20至50年代）

20世纪20年代后半期，美国印第安纳州立公园开始雇佣自然解说员，他们自称为自然主义者，因而在国外普遍将自然解说员和自然主义者作为同义词。20世纪30年代晚期，随着自然主义者和历史学家一起参与到国家公园的服务工作中，自然解说内容逐步扩展到历史与文化领域，美国约塞美蒂国家公园率先向公众提供自然解说服务，1953年美国国家公园管理局设立了解说长官。自然解说的形成标志是1957年费门提尔顿（Freeman Tilden）出版了《解说我们的遗产》（《Interpreting Our Heritage》）一书，他在书中阐释了解说在自然、历史、艺术以及心理等方面的运用，并总结了自然解说的六条原则，这六条原则至今还在世界范围内广泛使用，这使得自然解说的内涵被逐步延伸。这一时期，自然解说无论在理论研究还是在实践应用都达到了新的层面与高度[6]。

三、自然解说的发展期
（20世纪60至90年代）

这一时期，随着科学技术和工业化进程的加速，全球环境问题日益突出，生态保护主义者对破坏生态的行为方式尤为敏感，环境教育日益受到全球的关注，自然解说不仅仅局限在早期对自然事物名称和事实性的介绍，开始通过对自然事物及其与人类关系的解说达到环境教育的目的，自然教育功能逐步显现。1964年，在美国西弗吉尼亚州的哈伯菲利市（Harper Ferry）建立了第一座解说培训和研究中心，主要负责全美国家公园解说规划、解说员培训等工作。1988年，美国国家解说协会由自然解说协会和西部解说员协会合并成立。其中，自然解说协会成立于1954年，西部解说员协会成立于1962年。美国国家解说协会面向非正式部门（公园、动物园、自然中心、博物馆、水族馆、旅游公司及历史古迹地）的自然和文化解说员提供培训和合作机会。截至2010年，协会会员遍布全世界30多个国家，共有4600名会员，其中，9000多人获得解说员认证。此时，世界各地解说组织和专业协会相继成立，推动解说事业在国家公园等地的发展。

中国台湾地区在1970年代初期引入自然解说的概念，由前观光局局长游汉廷先生自美国引进。观光局在1970年代印制了许多花卉、动物、昆虫、鱼类及濒临绝种的物种等主题的解说出版品。营建署

国家公园组在1982年设立了第一座国家公园——垦丁国家公园，其管理处在1984年正式成立，并在组织架构中设立了解说教育课。自1989年组织改造后，台湾林务局成立解说的专责单位，加强推进森林游乐区及自然保护区的解说服务，其最主要的目的是为了提倡自然保育的概念[7]，因此减少了许多随意乱写乱画、滥垦滥伐、森林火灾、盗采等问题，解说专业的重要性逐渐获得社会大众的重视。目前，除了上述的单位外，许多公营机构如动物园、植物园、博物馆、天文台、美术馆、古迹遗址、保育中心及民营单位的主题游乐园、休闲渔场、休闲农牧场、旅游景区、观光果园、市民农园、保育团体、环保组织、地方文史工作室等也纷纷设立专责单位负责解说服务的工作。以上种种都在说明自然解说在中国台湾的休闲游憩与观光旅游发展中已日趋重要，并扮演不可或缺的角色。

四、自然解说的初熟期
（20世纪末期至今）

自然解说虽然起源于中国的春秋战国时期，以哲学家老子"道法自然"的经典诠释为代表，但是在1997年才开始真正步入到现代自然解说的发展中来。自然解说已经成为美国、加拿大、英国等国家的大学专业课程，形成了较为系统的人才培养制度，资格认证体系标准也已确立，受训人才支持国家公园、博物馆、水族馆等场所的公共服务，自然解说发展进入成熟期的初级阶段，随着理论与实践的积累，将逐渐步入政府、学术、社会共同推动发展的深入阶段[8]。

（一）国外行业发展

全球解说专业协会发展速度迅速，影响力逐步扩大，国外现有各类解说组织20多家，遍布美洲、欧洲、大洋洲、亚洲，如美国国家解说协会（National Association for Interpretation, NAI）、解说加拿大协会（Interpretation Canada, IC）、英国遗产解说协会（Association for Heritage Interpretation, AHI）等，以美国为发起国的现有16家[9, 10]。其中，美国国家解说协会由两家解说协会合并后于1988年成立，具有较高的国际影响力和权威性，5000多名会员来自世界各地30多个国家，解说资格认证包括解说员、解说接待员、解说培训师、解说规划师等系列，协会2009年颁布了规划规范、学术课程、研究方法、专业机构四套国际职业标准，为解说的国际化发展与全球化合作提供参考[11]。西方解说人才培养体系逐步健全，北美现有123所学校开设解说相关课程，大多在旅游管理、户外休闲、资源与环境、生物科学、人文社科等学院，从理论基础、实操训练、场所设计、项目策划等方面对学生进行综合专业化培养[11]。

（二）国内行业发展

中国解说相关的行业协会是空缺状态，北京师范大学2005年建立了"解说中国网"（www.interpchina.com），但是网站信息更新到2009年9月止[10]。解说人才培养体系尚未形成，北京大学和北京师范大学设立"自然解说"硕士、博士培养方向，目前北京大学已取消招生名额。随着解说系统在生态旅游发展中的作用逐步被人们所接受和认可，中国各个部委开始重视解说系统的规划与建设，住房和城乡建设部立项《风景名胜区游览解说系统技术规程》标准；国家林业局（现为国家林业和草原局）自2013年每年选取5个国家森林公园作为解说系统建设试点，从经费、技术给予支持，并立项《森林公园解说牌识设计制作规范》《森林公园生态科普文化讲解服务规范》《森林等自然资源旅游解说员技能等级评定》等标准；云南根据国家公园试点省建设，于2007年编制了《普达措国家公园解说规划》、2014年《国家公园解说系统技术规程》地方标准立项，指导各个国家公园有序科学开展解说系统规划；2015—2019年，国家林业和草原局举办国家级森林公园解说员培训班，每年1期，每期参训人员60人，合计培训300多名解说员[12]。2019年国家林业和草原局印发《关于充分发挥各类自然保护地社会功能大力开展自然教育工作的通知》，全国自然教育总校正式成立，推进了自然解说在自然教育领域的运用和推广（表1-1）。

表1-1 中国自然解说发展的重要事件

时间	事件
1970年	台湾前观光局局长游汉廷先生将自然解说的概念引入中国台湾地区[1]。
1973年	世界第一篇解说研究论文发表，美国华盛顿大学Don Field和J. Alan Wager 在《环境教育杂志》上发表《Visitor groups and Interpretation in Parks and Other Outdoor Leisure Settings》（《关于公园和其他户外休闲环境中游客群和解说的研究》），标志解说研究的开始。
1976年	台湾第一次解说服务研习会溪头森林游乐区举办（《休闲游憩：理论与实践》）。
1978年	台湾第一篇解说研究是台湾大学陈昭明完成的《游客对溪头森林游乐区之解说服务意见之分析》。
1984年	台湾第一篇解说硕士论文是中兴大学欧圣荣完成的《游客解说服务之研究——以垦丁国家公园为例》。
1997年	台湾第一篇解说博士论文是台湾台中教育大学吴忠宏完成的《Evaluation of Interpretation: Effectiveness of the Interpretive Exhibit Centers in Taroko National Park, Taiwan》（《解说评估：国家公园解说展示中心的有效性》）。
1997年	台湾吴忠宏引入"解说 Interpretation"概念进入大陆[3]。
1999年	大陆第一篇学术论文是北京大学吴必虎在《旅游学刊》发表的《旅游解说系统的规划和管理》。
2003年	大陆第一篇硕士论文是北京大学高向平完成的《世界遗产地的自然解说研究——以北京颐和园为例》。
2007年	大陆第一个解说规划是西南林业大学国家公园发展研究所完成的《普达措国家公园解说规划》。
2010年	大陆第一篇博士论文是福建师范大学赵明完成的《基于行为意向的自然解说系统使用机制研究》。
2013年	中国第一位国际组织认证解说培训师是西南林业大学赵敏燕，她于2013年由美国国家解说协会（NAI）认证（Certified Interpretive Trainer, CIT）。
2014年	中国第一次国际研讨会是在长沙举办的"2014年亚洲解说研讨会"，由中南林业科技大学旅游学院主办。
2015—2019年	国家林业和草原局举办国家级森林公园解说员培训班，每年1期，每期参训人员60人，目前共培训300多名解说员。
2019年	《关于充分发挥各类自然保护地社会功能大力开展自然教育工作的通知》印发，全国自然教育总校正式成立，推进自然解说在自然教育领域的运用和推广。

第三节　自然解说的主要功能

自然解说具有自然教育、资源保护、公众体验和管理使用的综合功能，对于自然保护地建设、公民科学素质提升等具有重要的意义，具体包括以下功能。

一、自然教育功能

自然解说的首要功能是自然教育，运用科学的解说媒介将自然现象中涉及的景观成因、植被、地貌、水文和气象等科学知识传递给公众。森林公园的自然解说系统可以帮助公众认识森林中各种树木资源的知识，认识树木的名称、生长地、生长的环境条件以及森林与人类的关系等[13]。

二、资源保护功能

资源保护功能是指通过自然解说，在时间与空间上引导公众的游憩行为，远离环境脆弱区域，提高大众保护环境的意识，期望改变公众的行为方式和习惯，从而保护当地生态环境。自然解说使得公众能欣赏和享受到城市及周边的自然区域和文化资源，同时激发公众参与健身活动、自然教育活动和社交体验的欲望，促进当地社会经济发展的可持续性，带动当地的

自然保护和文化艺术事业[12]。

三、公众体验功能

体验经济时代的到来对自然旅游的发展提出了新的要求，游客已经不再满足于传统大众旅游时期的"看树爬山"，更多的游客期望获取多样化的自然游憩体验。旅游供给侧通过发挥森林多种功能，向需求端（游客）提供多种活动的游憩机会序列，满足游客差异化的体验需求[14]。自然解说是一种链接旅游供给侧与需求端的沟通方式，供给侧通过媒介系统向公众传递资源环境、社会环境和管理环境的有效信息，提升公众审美、教育、娱乐等多层次的游憩体验[15]。

四、管理使用功能

自然解说被认为是一种积极有效的管理方式，其最终目的是促进目的地的可持续发展，包括经济、环境与社会文化等三方面的内容。首先，自然解说设施与活动能够给当地带来经济效益，会延长公众在目的地的停留时间；其次，在公众管理上，自然解说在时间与空间上影响公众运动，指导公众远离环境脆弱区域，有效保

护生态环境；再次，在社区参与上，当地社区居民积极担任解说员或组织相应的解说活动，鼓励公众参与解说活动，达到社区理解、重视自然资源和文化遗产等，这些均有利于管理方对于目的地的有效规划与建设。

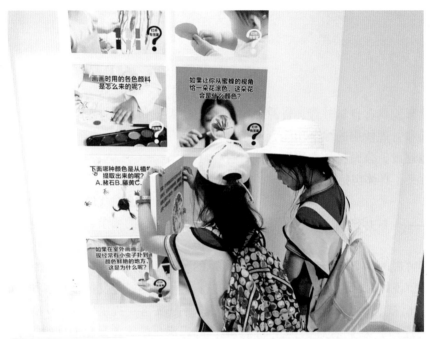

使用展板自我学习

第四节 自然解说的主要形式

自然解说的主要形式包括自导式媒介（非人员）和向导式媒介（人员）两种方式，两类媒介各有利弊，相互联系又各自独立，自导式是向导式媒介的有力补充[16]。

一、自导式媒介形式

自导式媒介，又称为非人员媒介，包括解说牌、多媒体设施、自导式步道、出版物等。

（一）解说牌

解说牌是景区必不可少的"画龙点睛"的设施，也是目前公园利用率最高的解说方式，是整个系统的主要组成部分。

（二）展示中心

展示中心包括博物馆和游客中心。

（三）多媒体设施

多媒体是利用高科技手段，增加公众在声音、色彩、动态等方面的全方位感受，包括方便查询、信息全面的触摸屏、形色声齐全的投影效果、模拟真实自然景色的激光电影、现代的语音自助导览系统等，语音自助导览系统容易满足多语种的服务，使游客能较好地根据个人的游览时间、喜好、需求来自助掌握游览过程，有效获取自己感兴趣的景点信息。

（四）自导式步道

自导式步道可供公众漫步在小径中呼吸清新的空气、静心欣赏自然美景，同时通过一定的媒介增加有关生态系统的各方面知识。有两种不同的方式可供选择。

1 解说牌等设施

在步道沿线选取若干适当地点设置游览路径解说牌、说明解说牌等标志牌及体验设施，以图解或文字的方式说明附近的生态景观或极具教育价值的自然现象。经过适当设计、选址的路边展示和标志可以给游客很大的乐趣，同时防止恶意的破坏树木、践踏植被等行为，并减少因为不经心或无知造成的破坏行为。说明文字应该与就近可以看到和听到的景物相配合，在表述上具有可读性和可靠性。同时，还可以根据当地居民的审美和游客的需要来选择构成信息的文字和材料。

2 解说手册与解说折页

在手册或折页中将解说的景观由起点至终点依次加以编号，并附上文字或图说明，以供游客参考与对照。解说手册及折页需要在固定的场所散发给游客，一般是在游客中心或步道的起点，或由专人分发或游客自行从分发箱中取用。

（五）出版物

解说出版物包括导游图、光盘、明信片、书籍等旅游纪念出版物，应多种语言出版，具有收藏纪念价值。导游图设计合理，方便使用，并可被当作纪念品。光盘、书籍可反复翻阅，也可以使教师、家长或一些个人用来向他人介绍该地区的自然、人文风光。出版物写作风格应适合读者的口味，应掌握好娱乐性和指导性之间的平衡，并与该地区现有的自然价值相关。内容应尽可能地简明扼要，重点放在说明和图片上，风格和语调应有变化以符合不同出版物。

二、向导式媒介形式

向导式媒介，又称为人员解说媒介，以经过绿色环保知识培训，并熟悉景区自然、社会条件且具有能动性的解说人员，向游客进行主动的、动态的信息传导为主要表达方式主要包括引导解说、戏剧演出、定点解说、即兴活动、生活解说五种形式（表1-2）。

表1-2 解说人员解说形式

解说形式	具体内容
引导解说	引导游客沿预先设定好的日程和路径进行,并不时停下来为游客指点或讲解。
戏剧演出	一般需要精心制作。高效性、娱乐性强，它是展示文化题材的流行形式。
定点解说	在观景楼、著名的景点或游客集中的区域设置解说员进行解说。
即兴活动	景区解说员即兴对游客开展制作手工制品、观察动植物、自然游戏等活动。
生活解说	展示古代生活方式及当时的文化，解说员身着古装，并依照当时的日常活动形式向游客展示人们生存方式。

对游客的引导，要从对解说员的培训入手，可通过编写符合当地实际的《解说人员培训指南》，邀请专家采用课堂讲授与现场培训相结合的方式，对解说员进行系统的强化训练。解说词要尽量兼顾语言的通俗性、科普性、趣味性、抒情性，解说员可恰当应用演讲技巧来提高解说质量。

自导式媒介与向导式媒介各具优缺点，见表1-3。

表1-3 解说媒介的优点与缺点

解说媒介	优点	缺点
解说牌	① 造价便宜 ② 位置固定 ③ 容易维护 ④ 游客自主 ⑤ 易于体现地域文化	① 单向沟通 ② 被动 ③ 容易损坏 ④ 破坏景观
游客中心或博物馆	① 可根据游客的速度观赏 ② 可陈列与该地点有关的实物 ③ 可陈列三维空间的实物 ④ 可提高游客的参与感 ⑤ 可凭借出版物或视听器材的辅助来达到更佳的效果 ⑥ 可以设计成适合室内室外使用的形式 ⑦ 非常适合表达可以用图示说明的概念	① 容易遭到损坏 ② 需要安全和维护措施 ③ 容易分散游客的注意力 ④ 不适用于表达有顺序而大多靠口述的故事

（续）

解说媒介	优点	缺点
多媒体	① 可根据游客的速度观赏 ② 可利用视听器材辅助解说文字、图表 ③ 可以与周围环境相融合	① 容易遭到破坏 ② 静态的，且无延展性 ③ 花费昂贵，不易维修
出版物	① 便于携带 ② 比较便宜 ③ 有纪念价值 ④ 提供详细的参与资料 ⑤ 可以用不同的文字解说 ⑥ 可以应用不同的说明技巧 ⑦ 适合表达有次序性的材料 ⑧ 游客可根据自己的速度阅读 ⑨ 可增加收入 ⑩ 弥补人员解说的不足 ⑪ 易于修订 ⑫ 内容详细程度可视需要而定	① 冗长的文字可能使游客厌烦 ② 游客可能乱丢而制造废弃物 ③ 除非由专业人员撰稿、设计、说明，否则将降低游客兴趣并无法表达出清晰的意图 ④ 必须不断修订以保持正确性
解说人员	① 可使游客产生兴趣 ② 可根据团体的兴趣和需要决定解说内容和方式 ③ 利用团体反应来激发个人兴趣 ④ 可以回答游客的问题 ⑤ 旅游旺季效果显著 ⑥ 可依据情况予以控制和改变 ⑦ 可能在意想不到不寻常的机会中发挥效果 ⑧ 解说人员各方面的能力得以充分发挥	① 需要受过训练的解说人员 ② 需要严密的管理 ③ 全年实施费用昂贵且难度较大 ④ 无法保持服务水准，因为解说人员会在某些时候丧失工作热情 ⑤ 难以准确评价好坏与效果 ⑥ 需要经常修订解说内容以保持正确性 ⑦ 人员数量需求高

第二章

自然解说"6E"原则与方程式

　　自然解说遵守教育性、启发性、生态性、体验性、娱乐性和经济性的"6E"原则，为各类活动方案的编制和操作提供了指导。资源知识（它）、解说受众（你）、解说媒介（我）三个关键要素构成了经典的自然解说方程式，即：（资源知识+解说受众）×解说媒介=解说机会。由于三个关键要素存在中西方的差异，如果直接将"西方化模式"移入本国旅游地，将会导致水土不服的窘境，构建符合中国资源特色和公众需求的自然解说方案势在必行。

第一节　解说原则

一、教育性原则
（Education）

自然解说让不同背景、不同年龄层的公众与资源产生互动，产生催化与激发作用，引导公众认识资源价值、激发热爱自然的态度，产生有益于自然环境的行为意识或真实行为。

二、启发性原则
（Enlighten）

自然解说扩大公众的眼界，对于自然环境的复杂性有更深刻的了解，对整个生态环境及生态关系有进一步的思考，启发公众对自然、文化、历史的思考引导他们进行后续学习[17]。

三、生态性原则
（Ecological）

自然解说围绕自然资源而展开，从自然解说资源、媒介规划设计、安装维护等各个环节体现出生态性设计理念。

四、体验性原则
（Experience）

体验是公众学习最佳的学习方式，自然解说创造体验性、参与性的机会，让公众调动五感（听觉、触觉、视觉、味觉、嗅觉）来感受大自然的神奇，全方位地接触自然、认识自然，体验设施和体验活动是自然解说系统规划和设计的重点。

五、娱乐性原则
（Enjoy）

自然解说帮助公众获得一个愉快的、轻松的、美好的情景，达到寓教于乐的境界，趣味性的自然解说体验让公众的印象深刻、效果更佳[9]。

六、经济性原则
（Economic）

自然解说的经济性体现在两方面：一方面，提升当地的知名度并增加当地

的经济效益；另一方面，自然解说的设施与活动力求经济适用，忌过度解说的现象以及昂贵的设施，给当地管理部门带来成本负担和维护困难。

费门·提尔顿六个解说原则

费门·提尔顿（Freeman Tilden）是构想并揭示有效的解说原则思想的第一人，他在1957年出版的《解说我们的遗产》一书中写道：

1. 任何的解说活动若不能和游客的性格、经验有关，将会是枯燥的。

2. 资讯不是解说，解说却是由资讯演绎而来，但两者却是完全不同的。然而，所有的解说服务都包含着资讯。

3. 不管其内容题材是科学的、历史的或建筑的，解说是一种结合多种学科的艺术。

4. 解说的主要目的不是教导，而是启发。

5. 解说必须针对整体来陈述，而非片面枝节的部分。

6. 对12岁以下的儿童做解说时，其方法不应是稀释成人解说的内容，而是要有根本上完全不同的做法。若要达到最好的成果，则需要有另一套的活动。

拉里·贝克（Larry Beck）和特德·卡伯（Ted Cable）
的15个解说原则[18]

在费门·提尔顿的六大解说原则基础上，拉里·贝克（Larry Beck）和特德·卡伯（Ted Cable）衍生提出了15条自然和文化解说原则：

1. 为了引起兴趣，解说员应将解说题材和游客的生活相结合。

2. 解说的目的不应只是提供资讯，而是应揭示更深层的意义与真理。

3. 解说的呈现如同一件艺术品，其设计应像故事一样有告知、取悦及教化的作用。

4. 解说的目的是激励和激发人们去扩展自己的视野。

5. 解说必须呈现一个完全的主旨或论点，并应满足全人类的需求。

6. 为儿童、青少年及老年人的团体做解说时，应采用完全不同的方式。

7. 每个地方都有其历史，解说员把过去的历史活生生地呈现出来，就能将现在变得更加欢乐，将未来变得更有意义。

8. 现代科技能将世界以一种令人兴奋的方式呈现出来，然而将科技和解说相结合时必须慎重和小心。

9. 解说员必须考虑解说内容的质与量（选择性与正确性），切中主旨且经过慎重研究的解说将比冗长的赘述更加有力。

10. 在运用解说的技术之前，解说员必须熟悉基本的沟通技巧。解说品质的确保需依靠解说员不断地充实知识与技能。

11. 解说内容的撰写应考虑读者的需求，并以智慧、谦逊和关怀为出发点。

12. 解说活动若要成功必须获得财政上、人力上、政治上及行政上的支持。

13. 解说应增强人们感受周遭环境之美的能力与渴望，以提供心灵振奋并鼓励资源保育。

14. 透过解说员精心设计的活动与设施，游客将获得最佳的游憩体验。

15. 对资源以及前来被启发的游客付出热忱，将是有效解说的必要条件。

第二节　解说三要素（你我它）

科学有序构建自然解说系统必须充分考虑资源知识（它）、解说受众（你）、解说媒介（我）三个关键要素，这也是美国国家公园管理局于1997年提出自然解说方程式的重要组成部分，即：（资源知识+解说受众）×解说媒介=解说机会。

一、资源知识（它）

资源知识是自然解说系统中的"它"，

指具有重要保护、科研、教育价值的自然资源知识和人文历史内涵。这个"它"包括在自然生物地理区域中具有代表性的重要自然生态系统；国家重点保护或其他具有特殊保护价值的野生动植物物种较集中的分布地，珍稀濒危和本地特有动植物物种；重大科学意义的地质构造、化石分布区、自然遗迹，具有保护和展示价值的岩溶地貌、丹霞地貌、峡谷地貌、火山地貌、冰川地貌等地质遗迹、景观等；具

有重要意义或地方特有的风物、遗址、建筑、风俗等人文景观[19]。

二、解说受众（你）

解说受众是自然解说系统中的"你"，指访客。美国学者山姆·汉姆（Sam Ham）认为，理性行为理论的"理念—态度—行为动机—行为"反应链能够诠释访客接受自然解说而产生的环境意识和环保行为的变化。受众背景的全面精准调查，是自然解说系统规划和设计的基础工作，一方面，根据受众的人口学特征（年龄、性别、受教育程度、收入、兴趣等）确定高端市场和大众市场不同的解说主题、内容与呈现方式，为儿童、青少年和老年团体提供完全不同的解说方式。另一方面，应用解说矩阵细分受众市场类型，依据游览目的、活动类型、资源重要程度、获取信息方式、停留时间以及期望接受

的解说服务等，制订不同层次的解说供给方案，同时鼓励解说主题与受众生活相关，加强"它"与"你"的链接关系，引发情感共鸣。

三、解说媒介（我）

解说媒介是自然解说系统中的"我"，指解说设施与人员活动。自然解说系统在西方国家公园、城市公园、植物园、博物馆等地作为公共服务产品免费提供给国民，更加注重公益性和服务性。从形式上来说，解说媒介分为自导式媒介，也称为非人员媒介，包括路边展示牌、宣传折页或手册、体验小品、解说中心等，手机APP等自媒体是新趋势；向导式媒介，称为人员媒介，包括自然解说员、体验导师等组织开展的各类有意义的活动。各种不同媒介的时空布局设计，都离不开自然解说系统规划者的精心努力。

第三节　自然解说方程式

美国国家公园管理局于1997年提出解说方程式：（资源知识+受众知识）×解说媒介=解说机会。根据中西方学者对自然解说的要素研究，得出解说资源、解说受众、解说媒介是国内外普遍公认的三大关键要素（图2-1）。

自然解说是实现自然教育责任的重要手段，更强调自然性、参与性和可持续性。美国最早将自然解说应用于国家公园，积累了成功经验和规划模式，取得了较好效益。目前，许多发展中国家由于缺乏解说的国内经验和相关专家，直接将"西方化模式"移入本国旅游地，导致水土不服的窘境。那么，中西自然解说的差异究竟在哪儿？归结起来，笔者以为主要在于解说资源、解说受众和解说媒介的差异[20]。

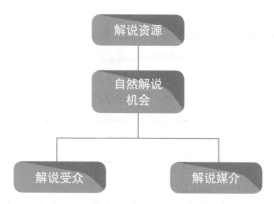

图2-1　自然解说的关键要素

一、中西自然解说资源的差异

解说资源是受众在旅游活动过程中认知、欣赏、体验的对象，包括自然资源和人文资源。西方人受到"人地分立"生态价值观影响，解说内容以自然资源为主；中国人推崇"天人合一"，自然与人文解说内容互相交叉。

解说的最初形式是自然解说，随着人类对自然界的不断探索和认识，人们开始利用不同方式记录、表达和诠释与自然的关系，最具有说服力的证据是法国洞穴内发现人类猎捕动物的壁画，这些图画表现了史前人类对自然现象的观察和思考，如太阳、星星和月亮的运动以及光、火、雨等。长期以来，西方信奉"人地分立"的生态价值观，这种价值取向导致工业社会中大众旅游破坏性开发，引发了绿色意识的环境反思运动，"纯自然性"的生态旅游由此诞生，旅游设施和旅游过程中的生态意识教育逐渐被重视，一般在于介绍自然史和自然资源的知识，如生态系统、地质现象以及与二者有关的人类活动。

中国大多数人自小深受儒道佛思想的熏陶，普遍认可"天人合一"的生态价值观。早在公元前600年，中国哲学家老子以"道法自然"来解说天地间万事万物的自然运行规律，一直流传至今。可惜在中国，解说的研究没有转变成实用性的学科，仅止于哲学境界的论述。中国人在旅游地更乐意置身于"山不在高，有仙则名"的境界，红墙金瓦掩映在苍茫树海的景象，更能激发中国人内心对自然的震撼敬畏感。泰山开辟了世界自然和文化双重遗产的先河，印证了"天人合一"思想、人地共生观念，自然景观与文化遗迹相附相依。因此，传说、艺术、书法等传统文化成为中国旅游地的特色解说资源[20]。

二、中西自然解说受众的差异

解说受众是指解说服务的对象，即游客。美国学者Sam Ham认为理性行为理论的"理念—态度—行为动机—行为"认知与行为反应链，阐释了游客的环境意识和环保行为，是可以通过引导、培养、教育，更需要解说系统营造氛围。从根源上来说，西方的文化以人文主义为出发点，以理性和科学为核心，重视个人的发展，主张"融合式"的教育方法，从小重视培养想象力和创新能力。西方人认为学习是人乃至动物的一种本能，人在任何情形下，都会自发地去学习和模仿。受到西方教育观和环境保护运动、绿色革命等社会思潮的影响，大多数游客在进入旅游地面对或自然环境时，对于生态和环境知识具有强烈的求知欲，积极探索和发现大自然的美与神奇，主动并热衷于参与各种自然体验活动。

中国游客不习惯在旅游过程中接受教育，把旅游视为在自然中休闲享乐的方式，对知识含量太高的旅游活动不少游客会产生反感情绪，甚至拒绝接受。原因在于，中国教育带有较强的功利主义，受到应试教育的制约，学校采取"灌输式""填鸭式"的方式对学生进行教育，让学生机械地死读书、读死书。游客对单纯休闲放松的追逐造成解说教育需求的缺失，一定程度上也使旅游地失去了构建以环境教育目标、为向导的解说系统的外在动力。

三、中西自然解说媒介的差异

解说媒介，指解说硬件设施与软件服务。解说服务在西方国家公园、城市公园、植物园、博物馆等旅游地作为公共服务产品免费提供给国民。环境教育是解说系统设计的出发点，体现了其公共性和公益性。国外对解说媒介的研究起步较早，目前已深入到微观领域，如对解说牌的设计、材料、颜色、大小、设置高度，甚至文字的大小、字体、字间距等的深入研究。国外国家公园采用形式多样、互动趣味性强的解说媒介，即使最常见的解说牌也力求游客参与翻转版面以加深印象。游客中心不受空间大小限制，为游客提供周到的咨询、购物、休息的服务。宣传小册子帮助游客完成不同解说主题的游览行程，并在游后作为具有珍藏价值的纪念品。同时，尽量考虑残疾人、儿童、老人、国际游客等特殊人群的需要。

在国内，旅游地解说系统逐步被人们普遍接受。解说硬件设施更多为游客引导、警示等作用，如"禁止吸烟""小心路滑""严禁乱扔垃圾"等，解说人员常以"某某领导人到此一游"或神话传说介绍居多。为了改善这一局面，许多政府部门给予旅游地解说示范项目支持，引导旅游地启动解说规划与建设。国内解说系统的实施驱动力主要来源于旅游地申报、评选等发展需求，设计制作费用依赖于政府部门短期启动项目支持，致力于项目验收效果，体现出较强的功利性。根据相关规定，旅游解说系统明确要求媒介类别包括标识系统、宣教资料、游客中心、公共信息图形符号、门票、导游服务六种，加分标准侧重于位置、数量、样式、种类、语种等物化形式，对解说目标、解说内容、解说效果等少有明确要求，导致旅游地解说系统一味迎合加分项目。

第三章

自然解说
理论基础

　　自然解说员作为大自然的翻译官，通过生动的语言和合理的方式，传递自然知识的同时，提升来访者的科学素养和生态素养。由此，自然解说理论基础涉及心理学、教育学等理论。

第一节 心理学

一、认知心理学

认知心理学在社会的各个领域都有广泛的应用，如数学、写字、音乐、阅读、翻译、新闻采写、语言输出、环境设计等各个方面，可以说认知心理学的理论、方法渗透到我们生活和工作的各个方面。最新的认知心理学认为记忆是对信息的处理过程，以输入为起点，输出为终点。

根据认知心理学研究，信息的理解越全面，在理解的基础上进行记忆就会越深刻[22]。自然解说员是作为认知心理学中的信息输入，通过解说活动，将信息传递给受众者，受众者将接收到的信息进行编辑、整理、内化和吸收，形成自己的思维和行动输出。自然解说活动，在大自然中进行，不同于教条性填鸭式的学习，形式多样，通过打开受众者身体的多种知觉，以体验式、侵入式的方式，激发对大脑的刺激，更易形成有效的记忆，加深、加快心理转化的过程，将外部信息进行内化处理，形成自身的认知。

认知心理学强调知识的作用，认为知识是决定人类行为的主要因素，人头脑中已有的知识和知识结构对人的行动和当前活动起决定作用。自然解说员是自然知识的传递者，是协助受众者获得自然知识的桥梁和纽带，学习认知心理学的理论，对研究受众者在解说活动中知识的获得具有重要意义。

受众者不同，其原有的知识和知识结构不同，要求自然解说员根据其不同的特性进行解说活动的设计。小学的活动、中学的活动、成人的活动和特殊群体的活动不尽相同。儿童的自然解说更多地集中在如何激发兴趣，如何提升活动的参与性和趣味性；青年已经具备一定的自然科学知识，他们的解说活动更应注重深度，探索和研究的特征应更多一些；成年人更多地关注与自身的关系，如一种植物，它有什么用处，能给我带来什么，就像很多人开始与自然相处从问"能吃吗？"开始。解说活动中，可以通过设计有效提问，激发受众者的有向思考，同时通过不同的受众者设置不同难易程度的活动，让受众者在活动中感受到轻松感、满足感、愉悦感、获得感，积极地激发认知内动力，加快知识的吸收转化过程。认知心理学对知识的要求，启示自然解说员需具备丰富的知识，就像光学专家马祖光说的"要想给人一碗水，自己要有一桶水。讲好一门课程，仅有一两本书远远不够。"

二、教育心理学

教育心理学是教育学和心理学的结合，是研究教和学过程中的心理规律。教育心理学主要研究内容包括老师、学生、教学媒介和教育环境[23]。王宁宁、吕兵认为，"教育心理学作为一门专门研究教育过程中各种心理现象和规律的学科，系统地介绍了教育中的关键要素'受教育者'的身心发展规律、认知发展规律以及道德发展规律，同时又基于此介绍了如何促进学生的学习策略和促进记忆形成的知识加工策略等一系列知识[24]。"

教育心理学为自然解说提供了理论基础，运用教育心理学可以提高解说活动品质，做到有的放矢，起到事半功倍的效果。在教育心理学中很多理论可以指导自然解说活动的开展，如根据学生认知发育阶段和已有认知结构安排课程；不以一张卷子的考分判定学生；尊重学生的个体化发展；透过学生的行为看到事情背后的思想；注重学生的参与性教学，发挥学生学习的主动性；营造好的学习环境，发挥环境影响人的作用；教师做好自己的教学心理建设，做好表率作用；应用"罗森塔尔效应""门槛效应"等。

三、积极心理学

积极心理学主张以积极的、建设性的心态去认识世界、发现规律，进而寻求规律来掌握世界、改造世界。积极心理学主张以积极的心理看待生活中出现的现象，强调挖掘人性格中的积极因素，用积极因素来指导人们的生活[25]。

积极的心态有利于人的身心健康的发展，树立正确的生活观。

自然解说员是与受访者直接面对面进行讲解活动的过程，积极心理会让自然解说员呈现给来访者一个阳光、积极、向上的形象，让来访者感受如沐浴春风一样。自然解说员自身首先要有一个积极的心态，表现出对工作的热爱。自然解说员的工作需要投入大量的热情及努力，是智力和体力的双重考验。在工作中投入积极的心态才能出色地完成工作，对解说员的成长起到推波助澜的作用。自然解说员直接面对来访者，来访者来自不同年龄、不同层次、不同职业，在讲解过程中自然会发生一些问题，乐观的解说员会积极面对，并反思和成长，不断提升处理问题的能力；悲观的解说员有可能对讲解懈怠，消极应对，降低讲解的品质。

四、生态心理学

生态心理学是将生态学的系统性、整体性、有机互动性等基本原则应用到心理学的研究，将心理学研究生态化。生态心理学是受全球环境的影响，从人的心理和行为层面探讨生态危机的解决方法。吴建平认为生态自我和生态潜意识是生态心理学研究的核心内容[26]。肖志翔认为生态心理学"从精神健康的角度呼吁保护生态环境，倡导人们建立正确的生态观念，从根本上解决生态危机，使人与自然和谐相处[27]。"朱琼等从生态心理学角度对心理健康标准进行了研究，提出生态心理健康标准的构建，并认为其有利于人与自然、社会的和谐发展[28]。

在自然解说活动中应用生态心理学理

论，将生态学和心理学相结合，通过丰富受众者的生态学知识，来探讨人与自然和社会的关系，从心理学角度建立人与自然的联结，传递出人是自然生态系统的一部分，脱离自然生态系统的人是不存在的，人向自然学习生态知识的同时，提升人的心理健康新标准。生态心理学从人的内部出发，感受自然环境的同时，影响人的社会属性，转变人的生存和生活方式，从心理和行动上做出对自然和社会有力的举动，达到人与自然、人与社会的和谐，才是一个新时代心理健康的人。

生态学主要研究对象是个体、种群、群落和生态系统，是注重生物之间的相互联系、相互影响、相互制约的系统性学科。自然解说员掌握生态心理学知识，将系统论应用到解说活动，不仅解说生态知识，而且应加入人的因素，才能建立起"跟我什么关系"，建立与自身的联系，切身感受人在自然生态和社会生态中所发挥的作用。在解说活动中可以进行小的生态系统的深入课程开发，如鲸落和食物链。鲸落是指鲸鱼在深海中死去，其尸体缓慢沉入海底，为众多生物提供生存和生活条件，并在此过程中形成一个独特的生态系统。食物链是各种生物通过吃与被吃的关系，以食物营养关系彼此相联系起来的序列。探究食物链的数量，是解决有关生态系统的稳定性、物质循环、能量流动、信息传递的先决条件。生态系统中的生物分为生产者、消费者和分解者，通过食物链探究三者之间相互依存与相互影响的关系，引入人在食物链中发挥的作用，可以开展关于食物链的自然游戏，通过表面看到深层次的含义。与日常生活相联结，从生态心理学角度建立人与自然健康

协调发展的基础。

五、环境心理学

环境心理学考察环境与人类情感、认知和行为之间的相互关系。过去环境心理学研究主要关注如何改变环境让人更为舒适，是建筑学与心理学的结合；现在则是关注如何改变人的行为，让环境变得更健康，进而使人类更健康。环境心理学是研究自然环境影响下的心理活动，以及影响自然环境的那些心理活动的学科。环境心理学研究的内容包括环境认知问题、环境心理评估、环境应激、环境与健康、环保行为塑造等[29]。

对环境保护和人类可持续性行为的研究，自然环境与健康的关系是当代环境心理学研究的热点，如亲环境行为、环境态度、生态价值观、改变非可持续发展行为模式的方式和方法、人与自然的连接、自然环境对人类健康的益处、自然环境的身心疗愈作用、城市疗愈空间设计等相关领域，关注环境质量与幸福感、生活品质的改善、文化和历史的保护、运动和健康等方面。

环境心理学在自然解说中的应用表现：一是生态伦理价值观的建立，自然解说员自我行为的塑造，对受众者传递尊重生命、敬畏自然的生态价值观，培养体验者的环境友好态度和环境友好行为，践行无痕山林理念，在解说过程中做到对自然的最小冲击和打扰，如解说声音、着装、行走的路面、使用的工具等，做到言行一致。二是考虑环境认知，哪些因素会影响人们对环境认知过程中的信息加工。在解说过程充分考虑声音、颜色、气味、触感

等环境元素对五感的刺激。三是考虑环境设计，在自然解说环境的硬件配置上、自然解说场域的设计、景观配置、解说系统建设等方面要充分考虑自然元素的运用，考虑视觉景观质量、景观美学和景观偏好，少用几何图形和直线线条，多选自然图形和曲线线条，让体验者心灵回归自然家园，建立自然连接，达到自然环境的身心疗愈作用，如树木身份证的自然形状和颜色的选用、解说牌的设计要考虑形状、解说文字和图案的比例，考虑受众者的短时记忆，寻路指示牌的方向设计减少迷路感，增进社会交往的环境空间和保留个人私密性的空间设计，对建筑材料的使用要就地取材，减少对当地生态环境的破坏，保护当地的历史和文化。四是要考虑受众者的心理舒适感和安全感，考虑受众者的生物偏好和生物恐惧。

自然解说设施

使用树木制作的体验设施

第二节 教育学

教育学从研究对象、发展历程、研究方法、教育方法等方面给自然解说提供了坚实的理论基础，从孔子的"不愤不启，不悱不发""默而识之，学而不厌，诲人不倦""因材施教""学而不思则罔，思而不学则殆"，到陶行知的"活的人才教育不是灌输知识，而是将开发文化宝库的钥匙，尽我们知道的教给学生"和马卡连柯的"教师的威信首先建立在责任心上"。古今中外的教育学家给我们指明了如何开展教育，自然解说员作为自然教育的传播者应吸收教育理论所取得的优秀成果，应用到自然解说活动中，为自然解说服务，让受众者用科学的眼睛认识大自然，培养科学态度、科学精神，提高其生态道德，成为全面发展的社会主义的建设者。

一、教育学及教育目标

王道俊、郭文安在《教育学》中指出，"教育学以培养人的教育活动为研究对象，是一门研究教育现象、问题，揭示教育本质、教育规律和探讨教育价值、教育艺术的学科。它要回答培养什么样的人和怎么培养人两个基本问题"。而教育是使受教育者成为能适应社会并能促进社会

发展的人。

我国的教育目的是培养学生成为国家和社会发展的实践主体和主人，教育的目的主要包括：坚持培养"劳动者"或"社会主义建设人才"；坚持追求人的全面发展；坚持发展人的独立个性[30]。教育关注不同时期的教育目标，通过在不同的教育阶段制定教学目标，逐渐实现人的全面发展。

科学的自然解说活动，旨在通过受众者在活动中对自然知识、文化等的认知的同时，增强体质、掌握自然科学文化基础知识、提升价值观念和道德品质、增强美的鉴赏能力与发现问题和解决问题的能力，特别是帮助受众者树立正确的生态文明理念，提升保护自然环境的责任意识，增强处理人与自然关系的能力。

二、教育学在自然解说中的应用

教育和社会的发展具有紧密的联系，社会的发展史也反映出教育的发展史，从原始到古代再到现代，教育的发展与社会的发展相辅相成，互相促进。以自然为师贯穿于整个社会的发展，从原始社会时期，每天人们都在大自然中学习和生活，

到古代"所谓无为者，不先物为也；所谓无不为者，因物之所为。所谓无治者，不易自然也；所谓无不治者，因物之相然也"，再到现在的自然教育和环境教育，人与自然和谐共生的人类命运共同体的生态文明思想，无不闪烁着大自然为师的智慧结晶。人们对教育学不断地研究和探讨，以及中外教育者对教育工作的感悟都为自然解说员的解说活动奠定了丰富的理论基础。

（一）以人为本的教育观

以人为本的教育观、肯定教育的主旨是围绕受教育的人开展的教育活动，促进人的全面发展，"尽可能地开发每个人的发展潜能，启发每个人的自主性、自为性、能动性、创造性，引导每个人保持与他人、与自然和其自身的和谐，成为社会的主人，国家的公民。"以人为本的教育观主张尊重学生特性，把学生放在第一位，统筹兼顾，顺应学生天性，启发、引导，提升学生潜能，发挥其自我教育和自我发展的能力。在自然讲解活动中，对不同的人群开发不同的课程，满足不同受众者的需要。根据受众者不同的年龄阶段、认知水平、社会身份特征制定不同的讲解活动，相同的讲解活动也需做到不同的侧重点。在解说活动前期准备活动中，要对受访者进行充分了解，可以通过电话、邮件、调查表等形式，以便量身定做不同的解说课程。

斯宾塞指出，"教育中应该尽量鼓励个人发展的过程。应该引导儿童自己进行探讨，自己去推论。给他们讲的应该尽量少些，而引导他们去发现的应该尽量多些。"以小学生解说活动为例，小学生的特性是活泼好动，观察力、好奇心和求知欲都很强，可以根据儿童的特性安排自然观察、寻宝、自然手工等森林大探秘的活动，活动应该解说的少，观察和动手的多，不以传授多少知识为目的，以激发其对自然的兴趣为主要目标，用儿童的视野去观察大自然。如设计森林的医生啄木鸟的解说活动，很多受众者知道啄木鸟是森林的医生，通过设置不同的问题、森林中寻找啄木鸟的家、手工制作等，启发学生自己去寻找答案，提高儿童的自我学习能力。让受访者知其然并知其所以然，在大自然中寻找问题的答案，比简单的说教更易于接受和理解。啄木鸟为什么是森林的医生？它是怎么给树木看病的？啄木鸟的家在哪里？啄木鸟的身体结构是怎么样的？你听到啄木鸟给树看病时发出的声音了吗？带领儿童到森林中寻找啄木鸟的家，啄木鸟喜欢在腐朽的树洞中做窝，描绘出啄木鸟家的样子，让儿童自己像侦探一样去寻找，来访时间合适的话还可以引导观察正在巢中的幼鸟，儿童的眼睛在自然中会发出灵动的光芒，比大人更容易发现大自然中的事物特征，曾经一个自然解说员在解说活动中，只引导儿童发现一处啄木鸟的家，但当天活动结束时，解说员说："孩子们发现了很多啄木鸟的家，我在这里待了这么久竟然都没有发现。"引导儿童倾听大自然的声音，"笃、笃、笃"是啄木鸟给树木看病时发出的声音，认真倾听，可以听到啄木鸟啄木头的频率很高，寻找啄木鸟，并引出问题——啄木鸟的头部运动得这么快为什么不得"脑震荡"？还可以找到被啄木鸟看过病的树木（树干上有啄木鸟吃完虫子后留下的小孔），培养学生的观察能力，同时启发学生思考啄木鸟是怎样吃到树里的虫子的，啄木鸟的长舌头长在哪里？啄木鸟的身体结构十分适合捕捉钻到树干里的虫子，它的脚能够牢牢抓住树干，尾巴同时也如座椅一样起到了支撑和稳定作用。它的嘴可以通过敲击树干，找到蛀虫，能伸出口外达14厘米的且分泌有黏液的长舌头帮助取出蛀虫。活动还可以设置制作啄木鸟手工作品，通过动手制作，体验啄木鸟啄木头时的动作，同时手工作品可以带回，对活动的影响具有延展性。以大自然为师，尊重大自然，感叹大自然奇妙的同时，在情感上感恩大自然，提升儿童的生态道德素养。

（二）大自然之美的美育教育

社会主义新时代的建设者必将是全面发展的人，美育是教育的重要内容，也是自然解说员应该承担的责任。美育是提升受众者培养发现美、欣赏美、创造美的能力。席勒说，"从美的事物中找到美，这就是审美教育的任务。"苏霍姆林斯基说，"所有能使孩子得到美的享受、美的快乐和美的满足的东西，都具有一种奇特的教育力量。"自然解说员作为大自然美的传播者，要有发现美的眼睛，传播美的能力，带领受众者感受大自然之美。在大自然中进行美育，不但可以提高对美的鉴赏力，同时，可以使受众者在保持愉悦的心情中陶冶美的情操。

大自然无疑是美的，无论是喀斯特地貌的雄壮之美、森林郁郁葱葱的茂密之美、朝霞的绚烂之美、杜鹃花的娇艳之美、点地梅的娇小之美、浩瀚夜空的宁静

森林音乐会

用松果制作的小乌龟

植物贴画

之美的静态美，还是瀑布奔流直下、潺潺流淌的小溪、波涛汹涌的大海、小溪中游动的鱼儿、天空中飞过的鸟儿、悠闲走过草地的麋鹿、林间散步的旅客的动态和谐之美，各美其美，美美与共的生态之美更是大美。大自然的美是博大的，大自然的美是精致的，大自然的美是无价的，多少文人墨客在山水间创作出传世佳作，自然解说活动在自然中发现美、欣赏美、感受美，培养受众者鉴赏美、创造美的能力，树立正确的审美观，是于无声处的美育。大自然美的素材是丰富多彩的，自然解说员关于美育的课程活动也非常多，如走进花花世界（赏花识花）、显微镜下美丽的微观世界、植物手贴画、自然笔记（记录自然之美）、生态摄影（留着珍贵的美丽瞬间）、发现自然的生命之美（动植物生命的孕育）、森林诗歌会、森林精灵（观鸟活动）、虫虫总动员（发现昆虫之美）、四季星空的观星活动等。自然之美可以创造美的心灵，心灵之美可以激发受众者热爱和追求美好生活的热情，促进人的全面发展，使其成为更好的社会公民。

第四章

自然解说
六步曲

　　"自然解说六步曲"指自然解说员编制方案的六个基本步骤，立目标是确立方向，审资源是因地制宜，读访客是因人而异，定主旨是点睛之笔，选方法是量体裁衣，评效果是整体回顾和评价。六个步骤相辅相成、逐步递进、缺一不可，每一个步骤有各自不同的主要目的、理论借鉴和关键要领，我们一起扎实掌握每个工作步骤，为自然教育活动、生态体验课程、研学旅行等提供生动有效的自然解说方案。

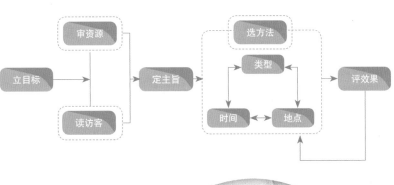

第一节 立目标

一、主要目的

结合自然教育实施方宗旨或任务，期望解说活动发挥的作用或达到的预期效果。一般描述访客在活动结束时多大程度上将关注什么信息，有什么样收获，或者做什么样的反应，从而逐步促进实现自然教育实施方愿景目标。

认真考虑这个自然解说活动要教什么，想让访客学到什么，想达到怎样的目标。常在撰写解说大纲的经验里，一般拟定解说目标通常是最困难的环节。解说员常有略过设定解说目标这个阶段，就匆匆忙忙地开始设计活动方法，但是从活动方法开始设想并撰写解说大纲，操作起来似乎比较容易，但却常会偏离原有解说架构及期望达到的目标。

二、理论借鉴

按照美国心理学家布卢姆（J. Bloom）的分类法，将学习分为认知、情意、技能三大领域。

（1）认知领域（cognitive domain），基于知识的逐步学习。

（2）情意领域（affective domain），针对情绪和态度。

（3）技能领域（psychomotor domain），针对技能或行为。

三、关键要领

（1）一定要结合你所在机构的使命宗旨、总体任务、保护对象、主体功能等（图4-1）。

（2）目的与目标的方向一致，明晰活动目的有利于制订针对性的解说目标。

（3）解说目的是应达到的效果（结果），具有概括、抽象的特征；解说目标是具体化、阶段性、可考量的效果描述，可作为评估依据。

（4）解说目标是总结有意义解说主旨的基础。

（5）在撰写目标时，句子通常会包含操作性的动词及目的描述。为了清楚陈述，目标尽量以具体、可评量的学习结果来撰写。

例子：通过实验能了解湿地的功能，或能运用皮尺测量树的胸径，能从探索校园植物色彩中感受自然色彩变化等（表4-1）。

（6）完整的解说目标包含4个要素：对象（audience）、行为（behavior）、条件（condition）、标准（degree）。

例1：学生（对象）能指出（行为）公园中（条件）5种以上（标准）的湿地植物。

例2：学生（对象）能操作望远镜（行为），并完整正确（标准）念出50米外（条件）鸟类解说牌上的鸟类名称。

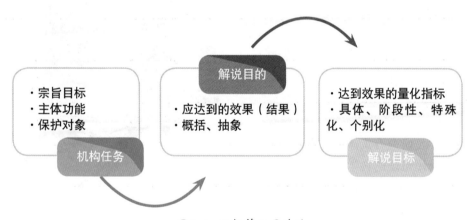

图4-1 目标等级层次法

表4-1 自然解说目标示例

机构名称	鲸鱼研究中心
机构任务	从事鲸鱼研究公众教育
解说目的	提升人们对鲸鱼研究的意识，并积极募集研究资金。
解说目标	当解说活动"鲸鱼研究"结束时： （1）至少75%的游客会承诺会参加下一次观鲸的活动。 （2）至少25%的游客会为鲸鱼研究捐助30～60元或者更多的钱。

第二节 审资源

一、主要目的

调查场域范围内的解说资源，即整理出场域范围内生态系统、动植物、地质地貌、人文历史等解说资源信息资料。

二、理论借鉴

以生态学（ecology）为基础，做好系统且有联系的大解说。

（一）生态学原理

生态学是研究有机体与环境之间相互关系及其作用机理的科学。生物的生存、活动、繁殖需要一定的空间、物质与能量。生物在长期进化过程中，逐渐形成对周围环境某些物理条件和化学成分，如空气、光照、水分、热量和无机盐类等的特殊需求。各种生物所需要的物质、能量以及它们所适应的理化条件是不同的，这种特性称为物种的生态特性。

由于人口的快速增长和人类活动干扰对环境与资源造成极大压力，人类迫切需要掌握生态学理论来调整人与自然、资源以及环境的关系，协调社会经济发展和生态环境的关系，促进可持续发展。任何生物的生存都不是孤立的：同种个体之间有互助、有竞争；植物、动物、微生物之间也存在复杂的相生相克关系。人类为满足自身的需要，不断改造环境，环境反过来又影响人类。

随着人类活动范围的扩大与多样化，人类与环境的关系问题越来越突出。因此，近代生态学研究的范围，除生物个体、种群和生物群落外，已扩大到包括人类社会在内的多种类型生态系统的复合系统。人类面临的人口、资源、环境等几大问题都是生态学的研究内容。

（二）生态系统

生态系统（ecosystem），指在自然界的一定的空间内，生物与环境构成的统一整体，在这个统一整体中，生物与环境之间相互影响、相互制约，并在一定时期内处于相对稳定的动态平衡状态（图4-2）。生态系统的范围可大可小，相互交错，太阳系就是一个生态系统，太阳就像一台发动机，源源不断给太阳系提供能量。地球最大的生态系统是生物圈；最为复杂的生态系统是热带雨林生态系统。人类主要生活在以城市和农田为主的人工生态系统中。生态系统是开放系统，为了维系自身的稳定，生态系统需要不断输入能量，否则就有崩溃的危险；许多基础物质在生态系统中不断循环，其中，碳循环与全球温室效应密切相关，生态系统是生态学领域的一个主要结构和功能单位，属于生态学研究的最高层次。

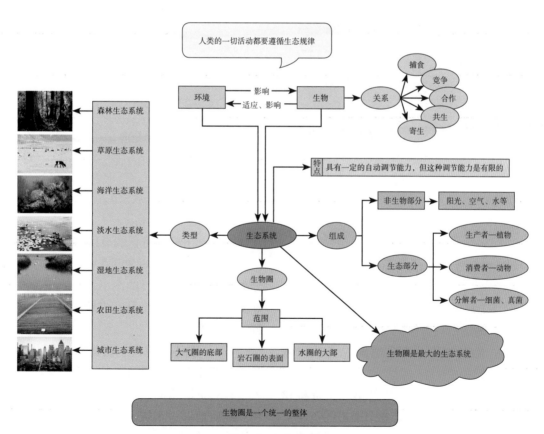

图4-2 生态系统

（三）生态系统服务功能

生态系统服务功能（ecosystem services）是指人类从生态系统获得的所有惠益，包括供给服务（如提供食物和水）、调节服务（如控制洪水和疾病）、文化服务（如精神、娱乐和文化收益）以及支撑服务（如维持地球生命生存环境的养分循环）（图4-3）。人类生存与发展所需要的资源归根结底都来源于自然生态系统。它不仅为人类提供食物、医药和其他生产生活原料，还创造与维持了地球的生命支持系统，形成人类生存所必需的环境条件。同时，还为人类生活提供了休闲、娱乐与美学享受。

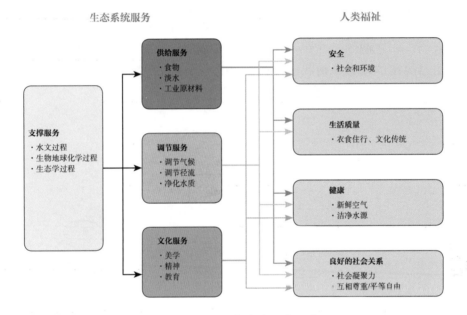

图4-3 生态系统服务功能

三、关键要领

（1）并不是所有资源都是自然解说资源，筛选出具有保护价值和教育意义的资源，随时收集补充自然解说资源列表（表4-2）。

（2）收集资料，通过第一手资料和第二手资料，广泛收集各个渠道的资料文献。值得注意的是，一定要鉴别资料的客观性，筛选出准确可信的有用信息。

（3）制作解说资源调查卡（表4-3），分类管理、建立自己的图书馆，一定标注好文献来源，制作出具有当地特色的自然解说资源库。

（4）整体上来说，解说资源可分为自然资源和人文资源两大类。

自然资源指的是地理环境特色、动植物、地质地形、水域、气候等自然资源。盘点自然资源时，建议确认该场域的范围，收集相关地图、航片图、环境分区使用说明、自然资源调查报告及名录等作为参考。

人文资源盘点指的是有形文化资产（例如古迹、历史建筑、纪念建筑、聚落建筑群、考古遗址、史迹、文化景观、古物、自然地景及自然纪念物等）、无形文化资产（例如传统表演艺术、传统工艺、口述传统、民俗、传统知识与实践等），或在地产业、经济活动的特色（例如农林渔牧业、工业等）。盘点人文资源时，可透过史料、文献、访谈等方式获得相关信息。

表4-2 自然解说资源整理

收集资料	
第一手资料 自己直接经过搜集整理和直接经验所得	**第二手资料** 指借用他人的经验或者成果
√ 观察日志 √ 亲身体会 √ 实验研究 √ 交谈采访 √ 摄影、摄像	√ 学术文献，如论文、报告等 √ 图书资源 √ 互联网资料 √ 官方数据和档案 √ 专家学者咨询 √ 类似机构请教，如当地自然教育机构 √ 电视节目，如新闻报道、专题节目等

鉴别资料，确定客观准确的信息

请你排排序，下列哪些信息可能是客观的？哪些是不客观的？

A 新闻报纸　　　B 财经杂志　　　C 研究日志　　　D 自传　　　E 天气数据
F 访客采访记录　G 游客观察数据　H 百科全书　　　I 电视新闻报道　J 互联网站

按照你认为最合适的顺序排列

不客观的　　　　　　　　　　　　　　　　　　　　　　　　　　　　　　客观的

标出文献来源　以任何方式引用了别人的观点、文字或者图片，必须标明文献的出处！

如果你以任何方式引用你可以这样做：
·文本标注，在解说方案里以脚注、参考文献形式标注
·话语说明，在你解说过程中，引用他人话语……

表4-3 自然解说资源调查卡

资源名称：＿＿＿＿＿＿＿＿＿＿＿＿＿＿＿＿＿ 第＿＿页，共

资源位置：＿＿＿＿＿＿＿＿＿＿＿＿＿＿＿＿＿＿＿＿＿

解说现状：＿＿＿＿＿＿＿＿＿＿＿＿＿＿＿＿＿＿＿＿＿

资源描述：

＿＿＿＿＿＿＿＿＿＿＿＿＿＿＿＿＿＿＿＿＿＿＿＿＿＿＿

＿＿＿＿＿＿＿＿＿＿＿＿＿＿＿＿＿＿＿＿＿＿＿＿＿＿＿

＿＿＿＿＿＿＿＿＿＿＿＿＿＿＿＿＿＿＿＿＿＿＿＿＿＿＿

＿＿＿＿＿＿＿＿＿＿＿＿＿＿＿＿＿＿＿＿＿＿＿＿＿＿＿

季节的可进入性：

＿＿＿＿＿＿＿＿＿＿＿＿＿＿＿＿＿＿＿＿＿＿＿＿＿＿＿

＿＿＿＿＿＿＿＿＿＿＿＿＿＿＿＿＿＿＿＿＿＿＿＿＿＿＿

解说的意义：

＿＿＿＿＿＿＿＿＿＿＿＿＿＿＿＿＿＿＿＿＿＿＿＿＿＿＿

＿＿＿＿＿＿＿＿＿＿＿＿＿＿＿＿＿＿＿＿＿＿＿＿＿＿＿

解说重要程度：□1 □2 □3 □4 □5

参考文献：＿＿＿＿＿＿＿＿＿＿＿＿＿＿＿＿＿＿＿＿＿

调查人：

第三节 读访客

一、主要目的

只有了解你的访客特征和需求，才能更好地为他们提供服务。观察了解访客的性别、年龄、行为等，询问他们的来源地、兴趣、职业、来访方式、行程安排等。

二、理论借鉴

1954年，亚伯拉罕·马斯洛（Abraham Maslow）在人类行为研究中发现：人们只有在基础需求和中级需求被满足之后，才会趋向于追求"更高的自我"需

求。由于自然解说活动旨在唤起人们的情感、行为和心理的反应，所以我们可以运用马斯洛需求层次理论（Maslow's Hierarchy of Need Theory）来达到我们的解说目的（表4-4、表4-5）。

解说员可以帮助人们花更少的时间关注他们的基本需求，以便人们有更多的机会思考，从而达到更高层次的自我实现。

表4-4 基于马斯洛需求原理的自然解说环节要点

需求原理	环节要点
基本需求 ◎ 生理需求 ◎ 安全需求 ◎ 安全保障	**你可以做什么** ◎ 提供健康、舒适和卫生设施，具有安全应急方案 ◎ 有急救设施，访客安全须知 ◎ 行为保持一致，避免惩罚或讽刺
中间需求 ◎ 爱与归属 ◎ 尊重 ◎ 知识	**你可以做什么** ◎ 记住访客的名字，欢迎他们的到来 ◎ 公布访客的收获成果 ◎ 将概念和思想转化为实际应用
发展需求 ◎ 理解 ◎ 审美 ◎ 自我实现	**你可以做什么** ◎ 建议自发的活动 ◎ 提供非正式的观察机会 ◎ 提供资源探索

表4-5 基于马斯洛需求层次理论的"五感六觉"自然解说运用

五感	需求	运用
安全感	**生存** 关注生存现况：空气、食物、体温等。	告诉访客可以取水、购买食品等事宜。
	安全保障 安全需要。自我生存、团队生存、危险预知。	如果感到身体不适或遇到危险，可告诉解说员及工作人员，或拨打救援电话。
舒适感	**归属** 被接受成为团队成员、表示感谢。	活动开始，解说活动是团队活动，欢迎每一位访客积极参与。
尊重感	**尊重** 被认为是不可或缺的人物。 被认为是与众不同的人物。	尊重个体差异性，关照每一位访客，鼓励活动参与、感受分享等。
获得感	**知识** 获取信息。 渴望了解事物、事件和符号的意义。	介绍解说资源的自然科学以及历史、文化等知识。
	理解 联系的理解。新知识及新理论的整合。	运用与访客生活相关的链接，产生共鸣，增加理解和感受。
成就感	**审美** 感激所有生命中所有的规律和平衡。 感知所有的美和爱。	从文化层面，将看到、听到、感受的事物，提升审美情操，情感升华。
	自我认知 衍生持续灵活的生活哲学。 成为真实的自我。	活动分享环节，提升个人生活、工作、学习等多方面的感悟和思索。

注：五感指安全感、舒适感、尊重感、获得感、成就感。六觉指视觉、听觉、触觉、嗅觉、味觉、知觉（认知）。

三、关键要领

（一）调查评估访客

通过资料评估和现场评估方法更多地掌握访客信息（表4-6）。

（二）定位目标访客

定位针对性的访客群体，尽可能地收集与他们相关的信息，以便提供更好的服务。

（三）根据年龄划分访客群体

不同的访客有不同的身心发展需求与学习形态，以下是根据皮亚杰认知发展理论，整理并提出各年龄阶段的学习特质与建议解说方法。

1 儿童及青少年发展阶段的教学沟通策略

（1）2～6岁：设计五觉（视、听、嗅、触、味）的感官活动，让此阶段的孩子来探索世界。

运用访客具体经验、生活图片、玩偶、故事情境等，引导访客对环境的兴趣。

避免涉及空间、时间、距离，以及逻辑推论的活动。

教学路线不宜过长或时间过长。

（2）7～11岁：此阶段儿童具备简单逻辑运算能力。

可搭配直接接触资源的探索体验活动，创造真实事物的联结。

教学员可运用问题多引导学生陈述意见和引发思考。

表4-6 访客评估方法

资料评估访客	现场评估访客
√ 资料评估访客 √ 调查以往的访客记录 √ 查阅访客意见本 √ 查找希望的目标访客群体	√ 视觉评估：身体语言、外貌、携带物品数量和类型、阅读材料等。 √ 主动提问：访问目的、感兴趣、曾经到访地等。 √ 线索寻找：与访客对话中寻找线索，了解他们的兴趣。 √ 参与交谈：交谈帮助你获取项目和活动的反馈意见。 √ 非正式调查：找出谁曾经到访过，他们的兴趣点。 √ 自我介绍：肯定、自信地自我介绍，切忌莽撞态度。 √ 第一印象：向每个访客主动问好。 √ 询问并注意回答的时间，保证其在适宜程度范围内。 √ 观察其他解说活动的反馈意见。
评估访客内容	
√ 访客一般描述特征：性别、年龄、职业、来源地、特殊爱好。 √ 认知水平：已知道什么，不知道什么。 √ 期待和需要是什么。 √ 最佳的沟通方式是什么。 √ 关注特殊群体：视觉障碍、肢体障碍等有障碍人士、老人、外国人等。	

（3）12～14岁：教学内容可以搭配价值讨论环节，让学生可以抒发意见。

教学员鼓励学生问问题，并协助学生发现答案。

教学员可引入环境相关的议题，引导学生探索其间的因果关系。

（4）青少年：此阶段的青少年最关心的是同伴的意见，不喜欢被当孩子看待。

此阶段学生认知能力提升，可尝试以自然科学专题研究的方式，鼓励探索与调查生态环境资源，增进对环境知识的理解，培养环境兴趣以及觉察环境问题的能力。

可让访客在建构自己价值观的过程中，将环境价值也纳入考虑，此阶段的青少年希望像大人一样表达出成熟的想法。

②　成人访客

成人访客有以下特性：

成人访客主动自发地对知识探索有需求；

成人访客的自我概念表现在能够自我导向的学习；

成人访客有丰富的经验；

成人访客随时有进行学习的准备；

成人访客的学习取向为生活中心、任务中心或解决问题中心；

成人访客具有强烈的成长与发展动机。

基于上述对成人访客特性的了解，提出几项成人的学习原则：

成人的经验关系着其吸收新知的能力，充分利用旧有经验作类化学习十分重要；

成人具有自发性动机，针对学习动机需求设计活动可使学习更为有效。

成人参与继续进行必须给予更多的奖励；

成人学习的材料安排需组织化、系统化，顾及成人学习起点，由简而繁，由易而难，以发挥学习效果。

安排良好学习环境，避免噪声、压力、焦虑干扰，以增进学习效果。

分析不同年龄层的学习需求与特性后，在规划解说方案时，便能更精准设计出符合对象年龄层能理解的内容，也能促进访客的学习动力，达到解说目标。

第四节　定主旨

一、主要目的

主旨是每个自然解说活动希望传递给访客的中心思想，有且只有一个，紧紧围绕着机构宗旨和解说目标而设定。

二、理论借鉴

根据记忆过程中信息在记忆中储存时间的长短和编码方式的不同，一般可把记忆分为三个阶段，即感觉记忆、短时记忆和长时记忆。自然解说过程就是一个形成感觉记忆、加强短时记忆、追求长时记忆的努力过程，设计主旨需要符合每个阶段的特点。

三、关键要领

主旨举例：

鲸鱼（有形资源）的进食方式（无形资源）各不相同（形容词）。

我们可以帮助（动词）野生动物栖息地（有形资源）更加健康（无形资源）。

少数民族建筑构造（有形资源）影响（动词）他们的生活方式（无形资源）。

关键要领具体详见第四章。

第五节　选方法

一、主要目的

选取多种类型的自然解说方法或教学方法，调动访客多方面的感官体验，有步骤地丰富访客生态体验。

二、理论借鉴

体验经济学是研究产品供给方通过引导消费者参与、互动、创造等方式，来满足他们的情感需求，并实现自我价值的一门科学。体验是一种新的经济提供物，是继产品、商品、服务之后的第四种强调公众体验的特殊经济供给物，它与前三种经济供给物的本质区别是他与消费者之间产生了情感与心灵上的互动。体验经济的提出者B·约瑟夫·派恩（B. Joseph Pine II）在1999年根据参与程度和环境相关度将体验分成4种类型：娱乐、教育、审美、遁世。贝姆德·施密特（Bemd Schmitt）在2001年提出感官体验、情感体验、思考体验、行为体验和关联体验五大体验体系（图4-4）。

自然解说就是一次主旨性的体验经历，解说员积极暗示达到和谐的印象，排除消极暗示，举出众多历史事件示例，调动所有感官开始五大体验。

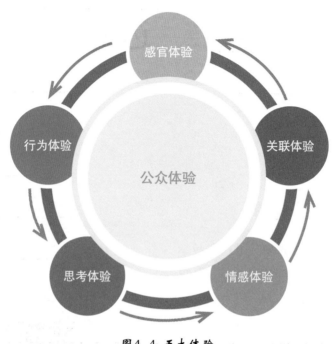

图4-4 五大体验

三、关键要领

（1）有组织地围绕一个目标开展解说活动，包括开场亮相、主体活动、收尾总结三个部分。

开场：先打好基础，让访客知道会发生什么。

主体：包括支撑主旨的要点（不能多于5个）。

收尾：画龙点睛，强化主旨。

（2）运用各有特色的教学方法（详见第五章）：

讲述教学法；

绘本教学法；

影像视听教学法；

探究教学法；

故事教学法；

角色扮演教学法。

四、自然解说技巧

参照美国国家解说协会培训课程，为大家提供以下自然解说技巧供参考[22]。

（一）提问提交

访客乐于在活动中被鼓励，因此鼓励回答问题是非常关键。一连串的提问可以"拉动"访客参与到活动中，并且让他们尝试去解说他们所观察到的事物。

开放式问题：这种问题没有正确或者错误的答案。请在活动开始时，提出这样的问题，邀请访客主动思考，积极回答问题。

当你站在山坡上的时候，你看到了什么？

焦点式问题：向访客介绍一些特定的数字、列表等焦点陈述。利用这样的问题将访客关注聚焦在具体数据或事实上。

是什么使得树木的腐烂加速？

关系式问题：访客运用数据来说明或分析事物之间的关系。

这两种树木的木材的强度或纹理如何比较？

推理式问题：访客总结、预测，或者将原理运用到新的思维方式。

如果森林消失了，这个地方将会变得如何？

如何运用这些句型在你的自然解说活动中？

开放式：＿＿＿＿＿＿＿＿＿＿＿＿＿＿＿＿＿＿＿＿＿＿＿＿＿＿＿＿

焦点式：＿＿＿＿＿＿＿＿＿＿＿＿＿＿＿＿＿＿＿＿＿＿＿＿＿＿＿＿

关系式：＿＿＿＿＿＿＿＿＿＿＿＿＿＿＿＿＿＿＿＿＿＿＿＿＿＿＿＿

推理式：＿＿＿＿＿＿＿＿＿＿＿＿＿＿＿＿＿＿＿＿＿＿＿＿＿＿＿＿

（二）提问应答策略

在活动中的问题其实已经为你的活动定下了基调。如果你欢迎并乐于接受访客们的评论，那么更多的讨论就会产生，成功的可能性也会相应地增加。

访客提问是一种非常有价值的反馈渠道。如果你分析这些问题，就会发现你的信息是否被有效表达，或者需要进一步阐释。

提问应答可分为三种方式。最合适的方式因人而异，取决于活动组织者的个人情况和表达风格。

接受性的应答总是理想的。

·被动接受：点头，只是说好，不做判断和评论。

·主动接受：表达你对游客所说的充分理解（你说的是）。

·强调接受：当你表现自己能理解游客的反应的时候，表达出自己的感受（我看得出来你被垃圾困扰，我也是）。

说明性的应答说明游客试图表达的意思。

·你能解释一下你所谓的扩展是什么意思吗？

促进性的数据通过许多方式提供所需的数据。

·提供一个发现自我的机会。

· 作为一个数据源提供服务。

· 感染其他观众。

· 参考其他来源。

· 提供材料以便游客确定答案。

（"让我们一起从这个领域的指南中去定义这朵花"）

沉默是金

不要急于给出反应。给观众思考的时间，在你给出答案之前停顿15秒。研究发现你等待的时间越长，你所获得的反应越深刻。

（三）问与答

a. 你正在引领一个小组，而小组中的一名访客试图无休止地用与主旨无关的提问来打断你的活动。你对这种完全不恰当的问题，会做出什么样的合适的反应？

_____

_____

b. 如果有人不同意你对其他访客问题的回答，列出三种可能的反应。

_____

_____

c. 写出两个你可以让访客一开始就参与到你自然解说活动中的问题。

有哪些可能的回答，你将做如何回应呢？

问题：_____

回答：_____

回应：_____

问题：_____

回答：_____

回应：_____

（四）有用的工具

出色的自然解说员善于发现各种各样的使他们的观点被理解的方法。最常用的工具包括幻灯片、示范和带领活动，但是你也可以用音乐、诗歌、木偶或者其他的"噱头"来吸引你的访客，进而表达你的主旨。

以下是传统的工具，建议使用它们将功效最大化。

1 幻灯片及PPT演示

a. 用最好的照片。

b. 开头和收场的时候用黑色的幻灯片或者感染人心的照片或名言。

c. 活动时避免去看幻灯片，注重与观众的交流。

d. 不要指着幻灯片说"这是一棵树"，观众们能够看得到。

e. 每张幻灯片大约用时8秒。实际时间要由幻灯片的内容跟你要做的要点决定，建议一般是在6～10秒。

f. 创建PPT大纲帮助你实施活动，但不要在正式的时候使用。

2 亲自示范

做示范是与访客互动交流的有效途径。例如，告诉访客救生圈的使用方法，用语言描述，不如直接做示范动作。

关键而有效的示范要领如下：

a. 不要在大场面来示范太小的道具，你要确保所有的观众都能看到你的示范。

b. 只要有可能就邀请观众参与到示范中来，但是要确保安全。

c. 在正式演示之前检测所有与示范有关的部分，确保可行。

d. 为那些参与到示范中的观众做准备，但是不要重复示范。确保无论表现的出色与否观众都能体验到示范的乐趣。

3 项目活动

活动的嵌入会吸引所有年龄的人，但是如果计划不周，他们将会打乱你的项目，而不是去证明你的观点。最成功的做法如下：

a. 先跟同事一起测试活动，再去跟观众尝试。

b. 寻找各种各样的合适的活动来源（查找相关组织的网站，访问你的活动创意图书馆，将搜查来的数据或是学校的活动应用到证明你的观点上去）。活动大纲写在索引卡上，手边放着一份文件，这样你之后很容易可以看到。

c. 确保你的活动支持和证明你的观点。不要因为想调节气氛而使用活动。

d. 确保有充足的活动预案。

e. 明确的指示。帮助一些不理解指示的观众时，不要忽视其余观众。

4 细致引导

细致引导活动，但要做到以下几点：

a. 准时开始并在约定的时间内回到起点。

b. 责任心。你是团队的领导者，访客们很依赖你，所以要确保访客活动全程的安全。

c. 即使在组团出游之前你并不认识每位访客，也要想办法把他们组织成一个大家庭。

d. 如果你的团队中有人不能适应你的旅游强度，那么就要在旅游开始之前告诉他们游览所要求的身体素质，要在让他们感受到关爱的同时，权衡自身条件做出合适的选择。

e. 建立一个让访客可以在游览之前聚在一起的集结区。这是一个让你和这个团体相识并且建立亲密关系的好机会。你出现的位置代表了集结区，所以要保证至少提前10～15分钟到场。

f. 在介绍完注意事项之后（一般会在集结点介绍），就快速到达第一个休息站点，之后以合理的速度到达剩下的站点。在条件允许的情况下，最好将第一个休息点安排在从出发点可以观测的位置，以便后来的人跟上。

g. 在到达站点之前走在小组的前面。

h. 在每一站讲话的时候确保每个人的注意力都在你身上。

i. 交谈时注意倾听队员的声音。

j. 重复问题以便每个人都能听到。

k. 分享发现的问题，并利用可以教学的每个时刻。

l. 有明确的时间观。尽量避免突然的结束，但是要清楚已经完成所有任务。

m. 感谢每一位队员，并留下来回答他们的问题。最后邀请他们能够再次加入你的团队。

5 克服恐惧

如果在一群人面前讲话会让你紧张不安的话，不妨尝试以下方法来使自己变得舒缓：

a. 熟悉你的素材。

b. 训练你的展示。

c. 使用有利的技巧。

d. 了解并使用参与者的姓名。

e. 尽早建立你的信誉。

f. 利用眼神交流来建立融洽的关系。

g. 参与公共演讲。

h. 提前做好准备。

i. 预测潜在的问题，并做好应对的措施。

j. 提前检查相关设施和设备。

k. 提前获取团队相关信息。

l. 提醒自己放松。

m. 预先自我介绍。

n. 注意自己的衣着打扮。

o. 保证良好的睡眠，保持良好的身体素质和充沛的精力。

p. 挖掘和建立自己的说话风格。

q. 组织自己语言，不要死记硬背。

r. 站在观众的角度思考。

s. 相信观众都是支持你的。

t. 把内心的恐惧当成好事来对待。

（五）舒服的声音

动听舒服的声音是富有表现力的、自然的、令人愉快的、有活力的。为了使你的声音达到最好的效果，要做到以下几点。

呼吸： 使用短句，让自己自然的呼吸。

音高： 用不同的音调说话可以避免听众单调和乏味。

声乐高潮： 设计一个戏剧性的高潮或者利用私语来进行强调。

发音： 如果你不清楚自己的发音是否准确，那就去检查并进行练习。

吐字： 吐字清晰确保每个人都能听懂。

频率： 根据素材不同进行频率的变化。

质量： 尽量使用柔美的音调避免使用严厉的、有鼻音的或者颤抖的声音。

停顿： 使用一些戏剧性的停顿用作强调。

音量和力量： 不要对你的观众大吼大叫，不要对你的观众武力恐吓。

（六）肢体语言

肢体语言比声音更有说服力。通过在镜子或者录像带前练习，让你的肢体语言像你的声音一样让人愉快。注意以下几点。

态度： 不要叹气、皱眉、咬牙。这些动作表明你不愿与他人相处。微笑会让你的观众觉得你对工作很热爱。

姿势：过于呆板严肃，都会让观众觉得不太舒服。过于随意，也会让观众觉得厌烦。最好能有挺拔但放松的站姿，使你的观众感受到，你有信心带领他们。

减少小动作：保持双手自然的位置。不要紧握你的手，扭动你的手指，摸你的头和下巴或身体其他部位。别总是站在同一个位置，但避免踱步或左右晃动身体。

利用身体来阐述观点：表现自然。如果你在展示的时候不做作，那么你的肢体语言就正在帮你阐述观点。

穿着打扮：保持外观干净整洁。不能让头发遮住你的脸，以便观众可以看到你的表情。如果穿制服的话，请穿戴整齐。如果不穿制服，确保衣着干净且与场合相符。

珠宝首饰：佩戴的首饰和手表越简单越好。这样才不会分散观众对你展示的注意力。

文身和身体穿孔：除非这些是服饰的一部分，否则他们不会传达一种专业的印象反而会让观众感觉到不舒服。尽量把有文身的地方遮住，把孔环都留在家里。

（七）与访客相处十项指南

a. 不要对访客皱眉或者怒视访客。

b. 如果你可以为访客提供服务，询问时态度要好。

c. 让自己变成访客们的百科全书，与他们愉快地分享信息。

d. 当被问及一个你不知道的问题的时候，请如实回答，不要去误导访客。此后，要想办法寻找正确的答案以便回答其他访客。

e. 尽管你已经筋疲力尽了，也要带着微笑回答重复的问题。

f. 保证外观整洁干净。它代表了一种对访客的尊重。

g. 尽可能地及时问候访客和为他们提供服务。

h. 孩子快乐意味着他们的父母也会高兴。尽你所能让他们高兴，你的工作也会受益。

i. 鼓励访客在旅途中能够短暂停留来放松自我，这样对整体游览安排都有益处。

j. 让旅途中的每一位访客包括自己都充满欢乐。

（八）意想不到的惊喜

在意想不到的时间和地点巧妙地应用"非正式"解说，会为接触你的观众提供额外的机会。许多相同的技巧可以用在非正式的场合（比如提问、演示等），但有时视觉的帮助更能迅速地提高解说的兴趣（例如野生动物出没），所以，你需要通过快速思考来利用这些机会。

第六节 评效果

一、主要目的

评估自然解说是否达到预期目标，为下一步改善提供依据。评估效果主要有四个功能。

（1）了解访客的潜能与体验成就，以判断其努力程度。

（2）了解访客的理解接受困难，作为补救解说与个别关注的依据。

（3）了解解说员的工作效率，作为解说方法改进的参考。

（4）获悉解说工作进步情形，可触发访客的参与感及探索动机。

二、理论借鉴

美国心理学家米哈里·契克森米哈（Csikszentmihalyi Mihaly）于1960年代最早提出了心流（flow）的概念，即个体全身心投入到某项活动时，获得的一种对活动入迷、全神贯注、注意力高度集中、活动流畅高效的深层沉浸心理体验，随之达到一种活动与意识融合、时间感消失和忘我的境界，也称为沉浸理论。

简单地说，心流是全神贯注投入而更好完成任务的一种心理状态，最佳"心流"体验产生需具备3个条件：①清晰明确的目标；②准确及时的反馈；③与技能相平衡的挑战。"心流"体验被广泛运用到公众体验交互设计方法中，比如，活动设计、体育运动、游戏产品等，Novak等依据心流体验的过程，提取了"心流"体验的9个特征，并系统归纳为三类因素，即条件因素、体验因素和结果因素（图4-5），其中，条件因素可被控制，体验因素可被加强，激发心流体验的产生，获得更佳的结果因素[31]。

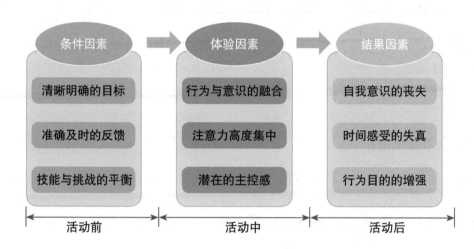

图4-5 心流理论的三类因素

三、关键要领

（一）全过程评估

可在活动开始前、过程中、结束时的任何阶段开展。

（二）评估类型

安置性评量（placement evaluation）：开始前，了解访客目前的程度，找到解说的起点，作为活动准备。

形成性评量（formative evaluation）：过程中，即解说过程中的评量，以了解访客体验状况，作为解说的调整、修正。

诊断性评量（diagnostic evaluation）：过程中，诊断过程中的进展状况。

总结性评量（summative evaluation）：结束后，以了解解说成效。

（三）量化与质性评估方法

一般可将评量搜集数据的方式区分为量化（quantitative）与质性（qualitative）两种方式，有时视需求甚至会将两种方式混合使用。

量化：依照目标设定出问卷，再运用统计方法进行数据的分析，并进行诠释。

质性：可以透过访谈方式或访客反馈的成品分析，诠释结果。

举例：

解说主题：探讨森林与人类的关系。

解说目标1：了解森林对于人类的功能和价值。

解说目标2：访客愿意透过消费行为选择对森林环境友善的产品。

采用评估问卷方式评估活动，进行问题设计及评测。

① 问卷量化题目

在活动结束后设计总结性评量的题目，如：我知道日常生活中有哪些东西是属于木制品?学生可以自评理解的程度（非常不同意到非常同意，五分量表），

或者可以直接设计有正确答案的是否题或单选题。计算学生的答对率和总分，来了解学生在课程中是否正确学到关键知识。而此问题主要可以反映解说目标1，学员了解森林对于人类的功能价值。

② 质性开放性题目

例如想了解解说目标2，学员愿意透过消费行为选择对森林环境友善的产品。在活动过程中设计形成性评量，如课程中设计一个任务活动，让学生小组讨论并写在海报上，并上台发表，来评断学生对技能的理解程度和改变自身行为的意愿和策略。或在活动结束后设计总结性评量的质性问题中，询问学生在生活中能画下哪些与森林相关的环保规章并说明规章的意义。

（四）因地制宜、因人而异的评估方法

主要包括自我评估法、工作日志法、现场提问法、专家打分法、问卷调查法、电话、邮件访问法。

自然解说员工作程序自我评估清单

（此表作为自然解说员自我工作任务评估的清单列表）

1. 准备

· 你是否已经清楚地了解你展示的客体？
· 你是否分析过你的观众？
· 你是否已经准备好你的大纲，围绕你的主旨组织过你的语言并且流利地陈述你的观点。
· 你是否核实过你支撑性信息和事先准备的问题的准确性？
· 你是否认真过挑选相关的、高质量的支撑性资源和视觉辅助？
· 你是否练习过你的演示？
· 你是否给你的项目取了一个有趣且易于理解的题目？
· 你的项目是否需要讲义？你是否为这些做好了准备？
· 你是否准备了所需的设备？

2. 活动开始之前

· 你是否检查过会议室？
· 你是否使用所有装备？

3. 活动开始

· 你是否做过任何必要的宣言？
· 你的介绍是否包含欢迎语，是否能激发兴趣，为你的演示创造条件？
· 你是否以你的组织的名义工作？
· 你是否明确你的主旨和副主旨？
· 你是否做过巧妙的转换？
· 你是否避免不自然的身体动作？
· 你是否坚持你的主旨，不夸张你的内容？
· 你是否以强有力的结论结束你的演示？

4. 与观众相处融洽

· 你是否说话时充满了热情？
· 你是否和观众保持眼神上的交流？
· 你是否用友好的、健谈的语调与观众交谈？
· 你是否使用问题、例子、故事和对比？
· 你是否使用引语、证明或者叙述？

5. 语言和声音

· 你是否避免使用演讲时的言谈举止譬如填白、不必要或者重复的短语？
· 你是否使用正确的语言解释科学术语？
· 你是否提高你的音量使得观众都能够听清楚？
· 你是否发音标准清晰？
· 你是否变换你的语调以及语速来进行强调和吸引更多观众的兴趣？

6. 反馈和评估

· 你注意过观众的反应和反馈么？
· 你是否按时开始并且及时结束呢？
· 有没有人（同事）给过你中肯的批评呢？

自然解说员工作日志

（此表参考美国国家公园服务规定，用于自然解说员记录自我工作表现及思考提升与访客互动技巧的日志）

姓名：_____   籍贯：_____

特殊情形（比如，时间限制），如果你有的话就记录下来：

_____

互动是如何发生的？

_____

_____

访客需要什么？你是如何判定的？

_____

_____

你的反应是怎样的？

_____

_____

你访客的反应是怎样的？

_____

_____

描述你是如何提高访客的体验的？

_____

_____

自然解说方案

（此表是自然解说员按照六步曲完成整个工作方案的参考模板）

主　　旨：＿＿＿＿＿＿＿＿＿＿＿＿＿＿＿＿＿＿＿＿＿＿＿

受　　众：＿＿＿＿＿＿＿＿＿＿＿＿＿＿＿＿＿＿＿＿＿＿＿

目　　的（你为什么要做这个项目）：

＿＿＿＿＿＿＿＿＿＿＿＿＿＿＿＿＿＿＿＿＿＿＿＿＿＿＿＿＿

目　　标（你想要观众做什么）：

＿＿＿＿＿＿＿＿＿＿＿＿＿＿＿＿＿＿＿＿＿＿＿＿＿＿＿＿＿

目标是什么　　　　　　　　　你如何测量它

＿＿＿＿＿＿＿＿＿＿＿＿＿　＿＿＿＿＿＿＿＿＿＿＿＿＿

所需材料：＿＿＿＿＿＿＿＿＿＿＿＿＿＿＿＿＿＿＿＿＿＿＿

开场：＿＿＿＿＿＿＿＿＿＿＿＿＿＿＿＿＿＿＿＿＿＿＿＿＿

＿＿＿＿＿＿＿＿＿＿＿＿＿＿＿＿＿＿＿＿＿＿＿＿＿＿＿＿＿

主体（分主旨）：

＿＿＿＿＿＿＿＿＿＿＿＿＿＿＿＿＿＿＿＿＿＿＿＿＿＿＿＿＿

＿＿＿＿＿＿＿＿＿＿＿＿＿＿＿＿＿＿＿＿＿＿＿＿＿＿＿＿＿

收场：＿＿＿＿＿＿＿＿＿＿＿＿＿＿＿＿＿＿＿＿＿＿＿＿＿

＿＿＿＿＿＿＿＿＿＿＿＿＿＿＿＿＿＿＿＿＿＿＿＿＿＿＿＿＿

评估方法：

＿＿＿＿＿＿＿＿＿＿＿＿＿＿＿＿＿＿＿＿＿＿＿＿＿＿＿＿＿

＿＿＿＿＿＿＿＿＿＿＿＿＿＿＿＿＿＿＿＿＿＿＿＿＿＿＿＿＿

第五章

解说主旨
定制方略

　　每一场活动都需要一条贯穿始终的主线，每一个故事都要表达一个中心思想，自然解说则需要用最生动、最简洁、最科学的语言向访客传递解说活动的核心内容和价值观，主旨的确定是实现这个目标的关键。定主旨是自然解说六步法中的主要步骤之一，本章将详细解析主旨的含义、特征、确定的主要原则和具体过程，并通过案例直观展示什么才是好的主旨。

第一节 什么是主旨

一、主旨的定义

主旨是每个自然解说活动主要的意义，用意或目的是解说的灵魂，有时可以理解为解说活动想要体现的一种精神，决定解说活动的质量高低、价值大小、作用强弱，是解说活动的统帅。

主旨是每个自然解说活动希望传递给访客的中心思想，有且只有一个，紧紧围绕着机构宗旨和解说目标而设定。

二、定主旨的原则

1 简洁明了原则

主旨要是一个完整的句子，易于表达，容易记忆。

2 通俗易懂原则

主旨观点简单明确，易于理解，没有歧义。

3 情感共鸣原则

主旨要明确表达人类共同的情感，要容易引起受众的共鸣。

4 背景包容原则

主旨需要对不同的年龄、不同的知识背景、不同的文化背景的受众都有意义。

5 资源为本原则

主旨要与自然解说活动场域的资源紧密相连，以资源为基础。

三、主旨的特征

（1）主旨要表达适当的观点、意义、信仰和价值，涵盖解说场域的所有重点资源介绍的内容，并将其以故事的形式表达出来。

（2）主旨能引起人们的好奇心，激发受众主动探索和体验的欲望，避免以说教的方式告诉受众解说活动的意义。

（3）主旨引导受众反思过去，加强对现在和未来的信念，激励受众的自然保护行动。

（4）主旨突出中心内容，有助于整个解说活动形成有机整体，完整有序，逻辑关系紧密。

（5）主旨贯穿解说活动始终，分主旨是主旨的细分，要做得分而不散，一般表现为"总—分—总"形式。

第二节 定主旨的过程

一、理论借鉴

教育心理学"记忆形成的过程"，根据记忆过程中信息在记忆中储存时间的长短和编码方式的不同，一般可把记忆分为三个阶段，即感觉记忆、短时记忆和长时记忆（图5-1）。自然解说过程就是一个形成感觉记忆、加强短时记忆、追求长时记忆的努力过程，设计主旨需要符合每个阶段的特点。

（一）感觉记忆

感觉记忆又称瞬时记忆，是使感觉信息得到短暂停留的第一个记忆阶段。

特点：

信息完全依据它所具有的物理特性编码，具有鲜明的形象性；

信息保持时间非常短暂，大约为0.25～2秒；

一般认为感觉记忆的容量为9～20个字母或物体，甚至更多；

感觉记忆的信息受到注意时，经过编码获得意义就可以进入下一阶段，如果不被注意或编码，它们很快就会自动消退，也就是被遗忘。

（二）短时记忆

短时记忆，也称为初级记忆，是信息加工系统的核心，在心理活动中具有十分重要的作用。首先，短时记忆扮演着意识的角色。它使我们知道自己正在接收着什么以及正在做些什么。其次，短时记忆使我们能够将许多来自感觉的信息加以整合构成完整的图像。再次，短时记忆在思考和解决问题时起着暂时寄存器的作用。最后，短时记忆保存着当前的策略和意愿。这一切使得我们能够采取各种复杂的行为直至达到最终目标。

特点：

主要以声音代码的形式存储，少量信息以视觉或语义编码形式存储；

暂时保留在意识中，保持时间有限，只有20～60秒；

容量有限，为1～5个重要信息。

（三）长时记忆

长时记忆是信息经过充分加工以后，在头脑中保持很长时间的记忆。长时记忆大部分来源于短时记忆，也有由于印象深刻而一次获得的。

特点：

以概念体系、语义网络、图式等组织

形式存储，也就是说在长时记忆中，人们更多的是对信息的意义进行编码，而不是去记事物的物理特征或其他细节；

保持时间长，长时记忆是一种永久性的储存，它的保持时间从1分钟以上到许多年，甚至终身；

容量大，一般认为长时记忆的容量为5万~10万个组块，甚至无限。

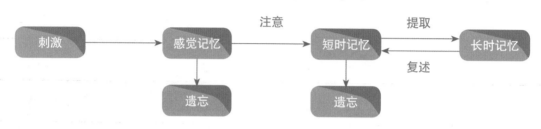

图5-1 记忆形成过程

二、关键要领

（1）解说活动方案是"总—分—总"的递进式结构，活动前介绍主旨，活动中展开，活动后重复强调。

（2）每个解说活动有且只有中心思想，即1个主旨和3~5个分主旨。

（3）每个主旨或分主旨应是一个通俗易懂的完整句，是一个陈述性的判断语句。

（4）每个主旨不应只强调重要性，应包含有形资源（名词）、无形资源（名词）和建立关联的情感词汇（形容词或动词）。

（5）每个主旨都是为解说目标服务的，所有主旨覆盖全部解说内容。

（6）主旨具有启发性和愉快性，容易被记住，宜包括"最""唯一的""独特的""著名的"等元素，而且有确切的数据支撑。

（7）人类共同的情感是所有解说主旨的基础。

好的主旨

具体、简明、简短——说明解说活动的主要目的。

传达完整的想法或信息——只包含一个主要信息。

"鸟类飞行的原因是为了生存"，这句话是好的主旨，因为这句话传达了完整的信息，说明了解说的目的，让解说活动有重点，而且简短易懂。

更好的主旨

◎ 勾勒全貌。

◎ 吸引人们参与。

◎ 使用积极（非消极）的语言。

◎ 传达正面的信息。

◎ 回答"那又怎样？"的问题。

◎ 延续前面的例子，将主旨改为"鸟类为了生存而展翅飞翔"。其表达的意义不变，但是文字更加有趣，更能描述明确的架构，而且能激发人们的好奇心。如果再继续使用头脑风暴的话，这个主旨还可以更精进。

三、主旨确定

（一）头脑风暴列举解说活动的诸多要素

仔细探索场域的重要性、资源特征、管理现状以及社会大众的需求，通过综合诸多要素来确定解说的目标，进而才能传递出正确的信息，明确解说活动的主旨，头脑风暴法是常用的方法。头脑风暴是在特定的情景下，以自由联想的方式激发各种点子，主要是用来激发不同活动方案的

设计创意，避免有时因为过于熟悉某个议题，而产生的灵感缺乏问题。可以先将解说活动场域的核心资源或者解说目标写下来作为中心词，然后围绕着中心词由一群人头脑风暴激发出大量的新点子，并且将大家提出的点子或者创意列出来[33]。

（二）对解说要素进行逻辑关系分类

思维导图法（mind mapping）或集群法（clustering）[33, 34]，分辨解说内容之间的逻辑关系。首先将头脑风暴激发出来的创意按照一定的逻辑关系分类，相似的创意用相同的颜色标记。选择其中大家公认有趣的创意类型继续进行头脑风暴，提出更多的点子。

（三）缘事析理，提炼出主旨

根据思维导图的点子分类，将观察的范围缩小，选择大家关注度最高的类型进行主旨提炼。一般采用换位思考法，从受众的角度思考解说活动最具有吸引力的内容，并以能快速吸引眼球的表达方式、用完整的句子表述出来，这样就能激发受众的兴趣，快速地将受众带入到解说情景当中。

（四）主旨分解，列出分主旨

一旦确定了主旨，就要考虑如何展开分主旨来支撑解说活动的主旨（记得要做到以下5点）。

这种方法可以表示如下：

$$T = t_1 + t_2 + \cdots\cdots t_n = T$$

开场　　　主题　　　收场

T就是主旨，t就是分主旨，n则小于等于5。

在开场中陈述主旨，在主体部分用分主旨去支撑主旨，最后在结论中重申主旨，让受众留下深刻的印象，帮助他们记住活动的要点（图5-2）。

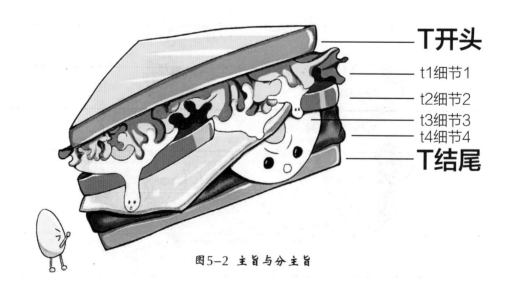

T开头

t1细节1

t2细节2

t3细节3

t4细节4

T结尾

图5-2 主旨与分主旨

通过介绍主旨，你将知道如何带引活动，而你的主旨就像路线图似的规划你的活动。当你到达目的地的时候（活动结束时），你的访客能够说出你的主旨以及如何展开的活动（一系列支撑性信息）。

（五）主旨探究

主旨探究是为了发展主旨，主旨会随着对解说活动主题的更深刻理解而发展变化。有时主旨探究的结果会完全颠覆原有的主旨，所以在主旨设定之初需要给予一定的调整空间，以便根据探究的发现而确切地调整主旨。

主旨探究能够帮助我们深入了解解说活动，之后才能给大家传达准确信息。解说员是资源与受众之间的媒介，表示解说员有责任告知受众关于时间、地点、资源、事件等解说活动相关的事实内容。每个历史事件都会产生许多不同的观点，每位学者通常也拥有各自的立场，但是解说员的职责是要尽量真实地呈现历史。开展主旨的深入探究能够确保解说过程能够呈现确切的解说内容和观点，表达解说活动最核心的精神。

（六）目标适量

建议每次的自然解说活动仅需传递给访客一个中心思想，以增进教学的成效。

在第二步的审资源中，当盘点出多元的主题后，自然解说员不需所有资源都教，而是可以因访客每次停留的学习时间、人数、目标，进行方案规划与执行。当解说员逐步规划出不同主题方案，便能适应未来市场的多元选择，创造社会、环境与经济等后续影响力。

举例：

主题：森林生物多样性。

主旨：森林（有形资源的名词）就像是大饭店一样，提供生物们栖息与食物（无形资源的名词），让生物们能相互依存、共生共荣（情感词汇形容词或动词）。

当主旨能更加聚焦在一个核心概念时，解说方案便能更精准设计到位，而不会落入什么都想教，但却什么都教不深。

有哪些具体的事情是别人愿意听到的而你可以应用进项目展示里的呢？

当你在收集资料的时候，请记住以下内容。

①人们愿意听到：

· 好故事；

· 不寻常的事实（例如，鲶鱼的身体表面有超过1000个味蕾）；

· 灵感和引用；

· 他们理解的高端信息（超过4000000个装满水的浴缸每个小时的流量超过瀑布）；

· 唤起情感或者生理反应的事情（恐怖的、美好的、悲伤的、喜乐的）；

· 对他们重要的东西。

②真的不在乎：

· 普通的科学数据（这个瀑布的流量平均为3694524立方英尺/秒）；

· 悲观的预测以及灾难的预测（臭氧层会完全枯竭，地球将在数年内燃烧殆尽）；

· 同样的事，他们已经在其他解说站点或者他们去过的地方听过跟看过了（65万年前，这个地方曾是一个巨大的内陆海）。

第三节　案例分析

解说主旨撰写自查表

◎ 每个解说主旨是否都根据公园的重点资源介绍而来？

◎ 所有的解说主旨是否涵盖了全部重点资源介绍？

◎ 解说主旨是否不只是重申重要性？是否包含有形资源、无形资源和人类共同的情感？

◎ 主旨的叙述中是否包含了公园建立以来发生的变化、当前的学术探究和解释？

◎ 是否每一个解说主旨对于完成解说使命都是不可或缺的？

◎ 每个解说主旨是否都是一个完整的、容易理解的句子？

举例：夏威夷火山国家公园使人们可以接近活火山，直接探索和感受我们这个世界最本质的创造和毁灭之力。

有形资源	无形资源	人类共同的情感
火山	可以接近	最本质的
夏威夷火山国家公园	活跃的	最本质的力量
我们这个世界	容许	创造和毁灭之力
	直接	
	探索	
	感受	
	创造和毁灭	

通过解说主旨发展次级解说主旨和解说服务

夏威夷火山国家公园的有形和无形遗产资源

重要性陈述

- 夏威夷火山国家公园的主要景点，莫纳罗亚火山和基拉韦厄火山，从其海底到山顶所含的物质总量超过地球上任何一座山峰，是世界上最为活跃的两座活火山。

- 该公园能向人们提供无与伦比的近距离接近各种火山活动的体验和研究机会，让人们得以相对安全地观赏岩浆、喷泉等活跃的火山现象。

- 美国地质勘测局和夏威夷火山观察队及其他夏威夷活火山的研究人员对该地加长期以来加上对这些火山本身的研究，再加上这使夏威夷火山成了世界上研究最为深入、最为彻底的火山。

- 夏威夷火山国家公园有很多具有重要的生物多样性提供了多样化的生存空间，这些有特殊价值的自然空间，多都是受威胁或濒危的物种，无论是否属于国际和地方级别，都需要积极的管理。

- 夏威夷公园的自然资源缺而有重大的文化价值域，加上这些野外的自然价值，能提供给人们各种体验的机会，包括聆听夏威夷当地传统天籁，远离工业文明、感受夜空及遥远的星空独立。

- 鉴于该公园自然资源对夏威夷片的火山地热带雨林，以上所体现的自然价值，此公园已经被迪，美国列入国际保护世界生物遗界自然遗产。

- 夏威夷群岛复杂的地理环境和隔离，构成其活动及其的火山现象，使之成为独化的世界地级物种活体的世界地理馆，火山国家公园对这项工作提供了重要的保护。

解说主旨

- A. 夏威夷火山公园使人们可以接近直接探索和感受变幻莫测的这个世界最根本质的创造和毁灭之力。

- B. 居住在这块富饶多样的土地上的夏威夷人民，他们所经历的文化冲突、活应和融合，全面展现了人类的智慧、独立和对生命的尊重。

- C. 夏威夷的火山活动创建了一个世外桃源的生物创建了，但由于富饶而脆弱的本地生物区系，越来越多的本地动植物带走向了天绝，很多独特的物种和基带给我们的教训，同努力保护我观看这有本土生物的未来。

- D. 基拉韦厄火山是火山女神贝利的家园，对于这些居住此处的形成了一个神话，个体的诞生之地，是神灵与力量地形地的源头之地。这些神话对夏威夷文化认同和野外的植物和持续性的重要来源，完整性的重要来源。

- E. 夏威夷探索火山是人们得以和隔离的地理多样性。由于它环境，地形其作用，在环境监测中的标志性和国际生物圈保护区。

次级解说主题

- 接近夏威夷火山的独特体验不仅给个人探索提供了机会告，也有益于各级研究工作的展开。

- 基拉韦厄火山和莫纳罗亚的火山活动，精彩地展现了火山在地形塑造、地表塑造等方面的作用，神话了我们对行星的认识。

- 火山活动导致的火山爆发及其引起的地震、海啸、火山灰等自然现象，曾给人类带来深重的灾难，但也给我们带来了兴盛的机会。

- 科学对文化重要作用就有提出和验证新的观点：莫纳罗亚火山和基拉韦厄火山为一个新理论提供了绝佳的例证——夏威夷群岛是由地球内部一个固定的热点上方发生的火山活动所创造的。

注：此内容出自王西敏《解说系统规划——从理论到实践》。

练习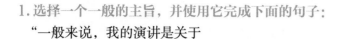

1. 选择一个一般的主旨，并使用它完成下面的句子：

"一般来说，我的演讲是关于

_____ "

2. 现在，通过完成以下句子来表达你的主旨：

"我的活动解说时，我希望大家能够理解

_____ "

第六章

自然解说
教学法

教学方法是多元的，要依照实际教学目标、访客特征、教学主题、教学场地等多种因素进行选择。解说活动与教学方法相互穿插搭配，可以强化解说主题的深度与广度。

通常国家公园、森林公园、湿地公园、动物园、博物馆等场域进行环境教育时，"人员解说"是相当常见的教学策略，以介绍现场的自然或人文特色、设施、展示等内容给学习者。但应因不同的对象族群、停留时间或学习目标，设计教学活动搭配解说，便能丰富学习的强度与广度。因此，良好的设计能够成功地引起学生的学习动机、唤醒热忱、进一步促进环境学习、社会参与及自我实现的三个环境教育目标。而周儒、姜永浚针对优质环境学习中心的特征要素研究[35]，其中，在优质的课程方案层面，提出应包含七项特征，在此加以整理分类并说明如下。

（一）教学技巧方面

重启发而非教导，诗人叶慈提过，"教育不是注满一桶水，而是要点燃一把火"，因此，教学过程应善用发问问题、引导观察、创作记录等方式，启发学习者独立思考及统整的能力，这才是有意义的教育过程。强调互动而非单向的灌输：我们可以运用多元的教学技巧，来创造教学者与学习者的双向互动，提高学习过程的乐趣与效益。

（二）课程内涵方面

（1）要能反映出对环境的关怀及当地资源的特色。

（2）协助学习者发展环境教育目标，包括环境觉知、学习环境知识、培养环境伦理、熟习行动技能，甚至获得环境行动的经验。

（3）透过方案体验与履行环境友善、可持续发展的承诺。

（三）课程规划方面

（1）应针对不同的学习者，经常性地提供多元的环境教育方案与学习活动。

（2）课程可以弥补学校教室内环境教学上的不足。

（3）推陈出新的方案，创造学习者持续回流机会。

从上述的关键要素中会发现，课程方案的设计不是教师或解说员自己从头说到尾，而是采取交互式、体验式、启发式，且能适应在地资源特色，推陈出新的设计符合环境教育目标的活动方案。

因此，在设计规划教学活动时，环境教育工作者所要面临的挑战不仅在于需要具备相关领域专业的知识，更需要懂得运用适当的方法传递正确的知识，如何引导不同访客思考、提升环境觉知、敏感度，进而充实相关知识，再提出问题，并提出可能的解决方案，便是环境教育工作者的另一项重要的技能。

而环境教育透过教学来达到课程目的，需从盘点内外部资源，设定具体的课程目标，界定明确的教学对象，了解学习者的特性和需求后，将资源转化为由浅入深、层次连贯的概念，并透过合适的教学策略，组织各个教学活动，有逻辑地引导学习者体验、思考、内化、应用；课程前、中、后阶段，透过评量方式了解课程目标达成度，并持续修正优化课程质量[36]。运用图6-1说明环境教育课程发展的流程（环境友善种子团队，2017）。

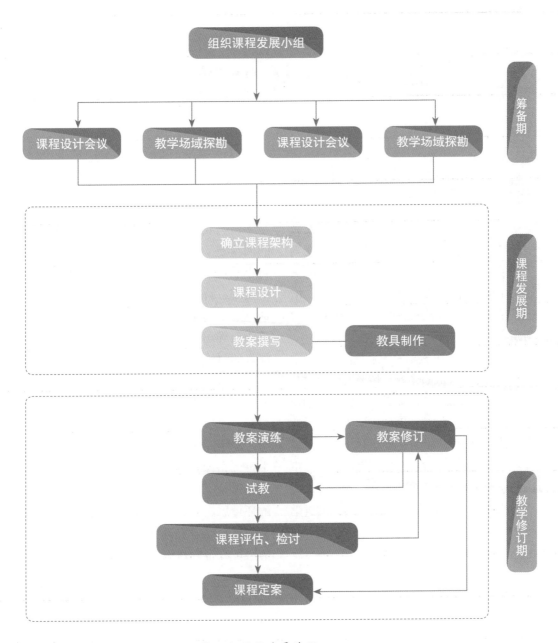

图6-1 课程发展流程

由于教学方法十分多元，因此要运用何种教学法进行教学，便需要依照实际教学目标、访客特性、教学主题内容、教学者专长、教学场地等因素，进行挑选。接下来介绍几种不同的教学方法，可与解说活动相互穿插搭配的教学方法，可以强化解说主题的深度与广度。

第一节　故事教学法

故事教学法也被广泛地运用在教育中，透过故事传达信念、价值观、规则等内容，引发参与者彼此间对于特定主题的对话，激发参与者的学习兴趣，增进聆听能力，甚至能进一步培养创造力与想象力。

为了达到故事教学的效果与目的，教学者必须先行分析故事主题、情节发展层次及脉络，并思考故事之后要延伸的讨论主轴及方向，以便后续带领。例如运用绘本来说故事。绘本，是一种以图画为主，文字为辅的图书，有些绘本甚至完全没有文字。正因为绘本文字不多，便可由教学者设计多元的讨论角度，共创学习，有机会可以增进学员的观察力、阅读力、理解力、逻辑力、思考力、空间识别、内省能力等。

但当我们提到运用绘本教学，常听到的回应是："绘本很好啊，但应该比较适合小朋友吧！"其实，从我们的教学经验中发现，许多成人也非常适合阅读绘本，透过绘本简单的文字及不同风格的图画，反能引导出与平常不同的思考方向，有更深入的讨论内容及思考。

目前，市面上有大量以环境为题材的绘本可供大家参考运用，挑选绘本时，主题、画风、文字内容、隐藏内涵等都是考虑的重点。在环境教育运用方式上，绘本可以是课程的主体，透过适当的绘本导读、讨论、延伸议题，甚至应对自身生活的环境思考并讨论与绘本中共同存在的环境问题。接着介绍同一个绘本，在不同年龄层可以带领讨论的方向与关注的主题。

举例

《爱心树》

作者：谢尔·希尔弗斯坦（Shel Silverstein）

《爱心树》述说一棵苹果树和一个男孩的故事，男孩在成长的不同阶段，苹果树都会无私陪伴男孩，并提供所需的一切。书中对爱与需求有不同的诠释，许多教学者运用此绘本讨论父母与孩童之间的关系。但若将爱心树给予男孩的一切比喻成大自然在人类日常生活中所提供的一切事物，包含食、衣、住、行、心灵抚慰、娱乐等功能，引导大家思考自然在人类生活中隐藏的价值，再进一步给予相关专业知识，对于一般民众或学生而言，会更容易理解及感受。因此，若以同一本书，针对不同年龄层可以设计不同的讨论主题，说明如下。

（1）幼儿阶段：在步道上，若遇到水果树，针对幼儿，便能运用此绘本来谈树木可以提供给我们的资源，要好好谢谢树木。

（2）小学学生阶段：若是针对小学阶段的孩童，可以运用绘本介绍植物生长的构造，并能延伸思考到父母与苹果树的对应联结，教导孩子学习如何感谢父母。

（3）青少年阶段：不建议使用绘本，此阶段的孩子会认为太幼稚。

（4）成人阶段：运用绘本带领参与者自己说出生命中的挫折与挑战、付出与回报间的关系、自己目前与孩子或其父母间的关系等。

第二节　影像视听教学法

影像视听教学常运用在教室内的学习，透过影像传播的效益，触发民众对于设定教学事件的了解。此教学法可以运用在解说结束或开头，让民众能将现场与想要探讨的相关议题、做延伸式多视角的学习。

例如：《我们诞生在中国》电影主要讲述了雪豹、川金丝猴、大熊猫和藏羚羊的故事，若解说员设定的解说主题为生物多样性或栖息地变化与生物生存相互间的关联，就能运用影片带入或结尾，可因不同的目标，做不同的课程安排。

又例如谈论森林是减缓变暖最好的方式之一，便可放映目前北极熊因暖化问题的生存危机影片；谈论生物多样性保护的议题，可放映热带雨林的消逝，对于生物多样性所产生的严重影响。但要提醒的是，相较于放完影像，影像结束后的导引或引导延伸的讨论才更有意义。

第三节 探究教学法

探究教学法（inquiry instructional strategy）是一种在教学过程中让访客成为主体的学习方式。访客在科学探究的过程中，可以获得充分的研究、讨论、操作与后续成果发表的机会，并习得相关的科学知识以及应该具备的科学态度与技能。

科学探究的目的在于引导访客发现及解决问题，是以访客的探究活动为中心的教学方法。从开放的学习情境中，教学者引导访客发现问题、分析问题，并拟定可行的解决方案，获得结论并加以验证，经由问题解决的过程，让访客从中学得解决问题的技能。因此，探究式教学是以发现问题为起点，再以此问题进行探究，并让访客经由实际的参与，在探究的过程中学得解决问题的技巧。

例如：测量光照度对植物生长的影响。

操作因子：实验中唯一能被实验者改变的因素。光照度就是"操作因子"。

控制因子：实验中不能被实验者改变的因素，如植物种类、水分、土壤成分、肥力、植物年龄等。

因此，实验设计中两盆植物受到的光照度应设计为不同，才能得到研究结果，而实验时会设计两盆植物的种类、水分等因子尽量控制一致，以减少他们对实验结

果的影响。

探究教学法在环境教育中，一般会运用于年龄层较高的访客（通常会在5年级以上）。这是因为这些访客的生活经验、背景知识较为丰富，逻辑思考能力也较为完整，因此，在教学流程中提出问题、拟定计划及归纳诠释的步骤时，能够较容易进行，年龄层太低的访客往往只能照抄教学者的步骤，难以在过程中有自己的思考。但因为此教学法需要有一定量的知识储备作铺垫，因此，建议先透过解说带领学员了解周遭的环境，再依学习目标搭配探究教学法，让学员能自行探索实证。

第四节　自然体验教学法

约瑟夫·柯内尔（Joseph Cornell）是世界知名的全球分享自然协会（Sharing Nature Worldwide）的创办人及会长，这是全球最广受尊崇的自然观察活动团体之一。约瑟夫·柯内尔曾提出一个在自然环境可以运用的教学流程，称为顺流学习法（flow learning），他希望每个人都敞开心灵接近自然，从乐趣中体验自然所带来的启发，学会如何深刻地体验自然，珍爱上帝所创造的万物。近年，顺流学习法被引进中国，也称为自然体验，透过五感体验自然，在步道中搭配解说是很好开启人与自然连接的机会。此教学流程包括四个阶段[37]，各阶段的侧重点如下。

（一）第一阶段：唤醒热情（awaken enthusiasm）

（1）建立在儿童爱玩的心理上。

（2）营造一个热切的气氛。

（3）一个充满活力的开始，让每个人都说"好啊！"

（4）发展全部的活泼力，克服被动的、萎缩的心态。

（5）营造参与的冲动。

（6）掌握学童的注意力（尽量减少人听话的感觉）。

（7）建立学员和教学者之间的和谐关系。

（8）营造良好的团队活力（group dynamics）。

（9）提示活动方向和整个节目的架构。

（10）为后续的、更具敏感性的活动完成准备工作。

（二）第二阶段：集中注意力（focus attention）

（1）增加注意事物的范围。

（2）借着集中注意力而加深觉知。

（3）正面地导引在第一阶段里养成的热切的心。

（4）发展观察的技能。

（5）静下心来，培养静观万物的气氛。

（三）第三阶段：亲身体验（direct experience）

（1）自觉发现学习是最有效的。

（2）给学员直接的、经验的和直觉的学习（了解）机会。

（3）鼓励学员的好奇、同情和爱护的行为。

（4）发展对生态保护的个人承诺。

（四）第四阶段：分享启示（share inspiration）

（1）澄清并加强个人的体验。

（2）建立在升高的情绪气氛上；

（3）引进鼓舞的模式。

（4）强化效果。

（5）建立团队向心力。

（6）教学者和具有接受心的民众一同分享启示。

此类型的活动很适合在解说步道上相互搭配运用，可以先开启民众五感的体验，创造人与自然更多的连接，只不过要提醒教学者注意的是，自然体验最后一阶段的分享启示是非常重要的环节，千万别草草带过。而此类型的适用对象则没有年龄的限制。由于自然体验有许多不同的小单元活动，因此解说员可以灵活搭配在不同的解说主题中，能创造学员对环境先产生兴趣与探索的可能。

第七章

北京自然解说员的成长故事

北京市园林绿化局自2013年开始培育自然解说员，历经"走出去""引进来""在地化"三个阶段，已基本形成一套相对稳定的培训体系，为北京自然教育的发展提供了专业的人才支撑。

第一节 北京市自然解说员的成长

随着中国特色社会主义"五位一体"总体布局的建立，生态文明建设逐步提升到前所未有的高度。全社会为加强生态文明建设凝心聚力，共同努力。中国经济也由高速增长阶段转向高质量发展阶段，园林绿化行业也从植树造林逐步向打造绿色福祉升级转型，实现从活起来、绿起来到用起来的转变。在这一发展过程中，园林绿化行业不断思考从重数量、重规模、重建设向建管并重、多效并举、生态惠民的重点转型、角色转型，逐步意识到具有国际视角、先进理念的专业技术人员在行业升级转型过程中的重要作用。

一、自然解说员产生发展的时代背景

党的十八大明确提出，将生态文明建设纳入中国特色社会主义"五位一体"的总体布局，提出建设生态文明和美丽中国的具体要求，绿色成为美丽兴山的主色调，林业成为生态建设的主战场。十九大报告中再次提出要求，要"牢固树立社会主义生态文明观，推动形成人与自然和谐发展现代化建设新格局"。2019年4月28日，习近平总书记出席北京世园会开幕式并发表重要讲话，再次强调"要倡导尊重自然、爱护自然的绿色价值观念，让天蓝地绿水清深入人心，形成深刻的人文情怀"。在习近平生态文明思想中，始终将有形的生态环境建设和人民的生态文明理念培育工作并行推进，而自然教育恰恰是生态文明建设、特别是生态文明宣传教育工作的重要组成部分，自然解说员则是自然教育的推动者、实践者，是生态文明的传播者。

国家林业和草原局高度重视自然教育工作，近年来，先后印发了《关于大力推进森林体验和森林养生发展的通知》《全国森林体验基地和全国森林养生基地试点建设工作指导意见》《关于充分发挥各类自然保护地社会功能大力开展自然教育工作的通知》，要求各省（区、市）将自然教育作为行业发展的新领域、新亮点、新举措，摆到重要位置，狠抓落实，努力建设具有鲜明中国特色的自然教育体系。

北京园林绿化经过50余年的大造林，目前正处于从大规模营造林向森林保护和经营管护转变的过渡阶段，如何发挥各类型森林生态系统和公园绿地的社会服务功能，为广大市民提供更加丰富的生态产品也成为新时代的重要命题。同时，随着首都经济发展水平的提升，广大市民对生态体验、生态园林文化的需求越来越多，亲近自然、走进自然、共享自然也是世界各国发展到较高水平时人们的共同规律。

政治、经济、行业和人民的需求催发了自然教育、自然解说的产生与发展，而专业技术人员的培养成为自然教育发展最为迫切的需求。

二、自然解说员的发展阶段

北京自然解说员的发展经历了"走出去""引进来""在地化"三个阶段。2018年，北京市园林绿化局选派了6名科普一线人员赴韩国参加了"森林解说员"的培训，经过35天的高强度学习，完成了144学时的课程及考核，6人均获得韩国山林厅颁发的"森林解说员"培训证书。

2012年底，北京园林绿化行业自然解说员培训开始酝酿；2013年，举办了首届自然解说员培训，培训围绕环境教育的理论实践、自然游戏的设计引导、无痕山林的理念传播为主体，以工作在园林绿化科普一线人员为受众，进行了初步尝试。之后的几年里，一直追踪着首届学员的工作实践情况，同时总结培训经验，挖掘更适宜北京需要的自然解说员培训方式。

2016年，时隔三年，第二届自然解说员培训启动。培训引入台湾讲师团队，设计了完善的学习与考核机制，对学员参加培训的资格进行严格界定与审核，"申报严、管理严、考核严"的"三严"培训机制取得非常好的效果，学员的理念水平得到提升，解说技能得到提高，培训反馈良好。2018年，第三届自然解说员培训在前两届的基础上，对课程内容进行了调整，保留了原有理论与实践课程的基础上，增加了特色课程体验，让学员们在培训之余，能够零距离地接受专家的指导，培训效果再创新高。2019年，第四届自然解说员培训得到全国自然教育总校的肯定，推荐25名来自全国自然教育基地的"种子教师"参与到培训中。

经过几个阶段的发展，自然解说员培训的体系日趋完善，为北京园林绿化行业输送了百余名优秀的自然解说员，他们活跃在自然解说一线，极大提高了园林绿化行业从生产经营向社会服务功能的转变，成为生态文明建设和生态文明教育进程中有力的人才支撑。

第二节 北京市自然解说员的培训体系

　　自然解说员不是导游，而是大自然的翻译官，因此，必须具备一定的生态学知识，更重要的是要掌握自然解说的理论及技能技巧。北京自然解说员培训，从筹备伊始，就是为北京园林绿化升级转型服务，为首都生态文明建设服务。但是2013年，在园林绿化系统对自然解说的概念都不甚了解的情况下，自然解说员培训更多的是以启智为目标。随着培训的不断深入，逐渐摸索出一套适宜北京园林绿化发展特色的北京自然解说员培训体系（图7-1）。

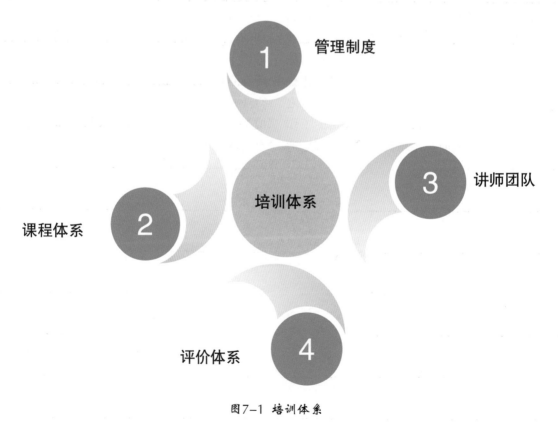

图7-1 培训体系

一、受训学员的变化

首届培训班面向北京园林绿化系统广泛发布了培训通知，共37名学员报名参加了培训。其中，市公园管理中心体系的学员10人，市园林绿化局属林场、苗圃、森林公园的学员14人，各区园林绿化体系的学员7人，社会团体的学员4人，其他相关单位的学员2人。33名学员通过考核获得"自然解说员"称号。这些学员均是单位推荐、从事与科普或与生产经营管理相关工作，目前仍工作在自然教育一线的学员不到1/3。

第二届培训班仍然面向北京园林绿化系统，但是报名方式由单位委派变为单位先筛选、再推荐，要求必须是从事自然教育一线的工作人员，最终31名学员参加了培训。其中，市公园管理中心体系的学员6人，各区园林绿化体系的学员4人，社会团体的学员2人，其他相关单位的学员5人，市园林绿化局属林场、苗圃、森林公园的学员14人。31名学员全部通过考核，并获得"自然解说员"称号，目前仍工作在自然教育一线的学员达到1/2。

第三届培训班报名方式与第二届相同，42人参加了培训，其中，市公园管理中心体系的学员9人，各区园林绿化体系的学员4人，社会团体的学员0人，其他相关单位的学员18人，市园林绿化局属林场、苗圃、森林公园的学员11人。37名学员通过考核获得"自然解说员"称号，目前仍工作在自然教育一线的学员达到1/2以上。

前三届培训班获得了业界的广泛好评。全国自然教育总校积极参与，将北京自然解说员培训作为全国自然教育总校"种子教师"的培训体系，并选送25名学员参加了培训，另有市公园管理中心体系学员4人、市园林绿化局属林场、苗圃、森林公园的学员9人、其他相关单位学员7人参加，总计45名学员，均为自然教育一线工作人员。

由图7-2可见，其他相关单位的参与

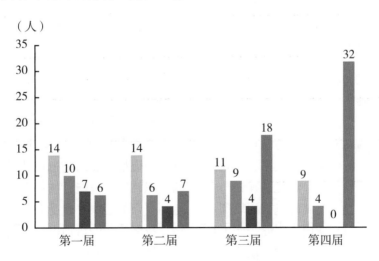

图 7-2 历届培训班学员情况

数量逐年提高，说明培训班的影响力逐年扩大，主动参与培训的企业、自然教育相关机构明显增加。

二、课程体系的构建

课程体系是培训的精华，是整个培训过程的重要支撑。北京自然解说员培训以"培育生态文明教育积极的传承者和弘扬者、园林绿化建设的引领者和践行者"为目标，旨在提升科普一线工作人员自然解说理念的同时，提高其解说技能与技巧。整体课程体系由基础理论、经典案例、实操技巧、特色课程四部分组成（图7-3），有理论、有技巧，有学习、有实践，让学员逐步深入、深层提升，成为既具备自然解说理论基础，又具备自然解说技巧，同时具备先进行业理念的生动践行者。

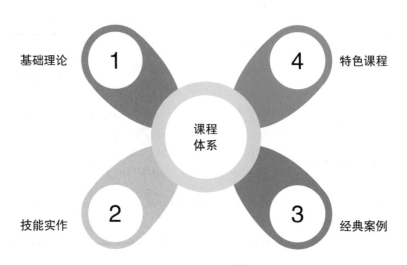

图7-3 课程体系

（一）基础理论

基础理论包含环境教育理论与实务、自然教育发展延革、生态价值理论、基地运营与建设等。重点讲述环境教育的内涵与外延、兴起与发展、立法与现状等；自然解说与国际上环境教育的关系、在我国的发展现状与历史传承、解说的媒介与方法、原则与要素等。与其他机构的培训不同，因学员皆来自行业内，因此，作为自然解说员所应具备的一些植物、动物等专业知识，并没有列入必修的基础理论中，而基地运营与建设的内容列入其中，用于指导学员们在未来各自工作场域的建设中融入自然教育理念，能够从自然教育的功能出发，提升园区的生态服务价值。

（二）技能实作

"心有万千沟壑，不过一声无言"，自然解说最重要的是把自己所了解和掌握的知识，通过技能、技巧有效地表达并传达到受众的心中，使受众与自然建立起联结。技能技巧的培训也是学员们参与度最强、热情最高的课程。

从解说的资源、受众、媒介三个解说要素出发，阐述"（解说资源+解说受众）×解说技巧=解说机会"这一解说方程式；从"立目标、审资源、读访客、定主旨、选方法、评效果"六步曲出发，一步一步训练、引导学员完成自然解说课程设计；从衣着、声音、态度、表情、手势等，强调解说的技巧；而游戏、绘画、戏剧等教学方法的训练，更让学员们从亲身感受中体会到教学方法的精髓。边学习、边体验、边练习、边总结，通过技能技巧的培训，学员们基本可以掌握课程撰写的

基本流程、解说主旨的确立、解说的一般技巧、多种体验型互动活动的带领等。

（三）经典案例

"他山之石，可以攻玉"。每期培训，我们都会着重选择一些有借鉴意义的案例与学员们分享。从美国、德国、日本等地的环境解说发展，到中国台湾及香港等地环境教育课程活动，从自然解说活动、课程，到基地运营、志愿者培训，无

自然解说员培训现场

学员课上练习

学员实操练习

论是成功的，还是走过一些弯路的，都对我们北京自然解说的发展起到了借鉴的作用，也让学员们从多个角度了解和思考自然教育的内涵与发展。

（四）特色课程

与基础理论课程不同，特色课程是随着不同时期的需求而改变的，也是在逐年的培训过程中产生并固化下来的。首届培训并没有开展特色课程，从第二届开始，逐渐增加了解说牌的规划与设计、场域的规划与设计、环境心理学、文创产品开发、户外安全与救援、野外植物识别等，同时不定期地组织学员互相交流学习、听专家现场演示自然教育课程、参与各部门组织的专题学术会议等。特色课程是基础理论与技能技巧课程的有益补充，更加扩展了自然解说培训的外延。

三、讲师团队的支撑

如果说课程体系是精华，那么讲师团队无疑是培训体系的灵魂。多年来，我们不断地找寻、不断地协调，基本上组建了一支由大陆与台湾共同组成的专业讲师团队。这个团队中，有专门研究环境教育、心理学的教授，有从事自然教育多年的自然解说员，有具有丰富活动引领经验的自然老师，有从事基地运营的管理者，有行业领导者、培训师、企业家……讲师们夯实的专业、丰富的经验为学员们开启了一扇窗、打开了一道门，引领着学员们一步步走上自然解说的道路。

四、评估体系的构成

评估体系是评价课程培训效果、课程

特色课程——紧急救援

特色课程——听专家现场演示

适用度、学员接受程度、讲师授课情况、学员评价的综合评估体系。它一方面是我们评定培训效果的标尺，也同时对未来培训具有指导意义。

北京自然解说员培训的评估体系分成两个部分，一部分是对学员的考评（图7-4），用于衡量学员是否达到"自然解说员"资格标准；另一部分则是面向课程、讲师及服务的考评，用于指导未来培训的各项安排。

对课程、讲师及服务的评估我们也分成了"前测"和"后测"两部分。"前测"是为了了解学员的基本情况，包括年龄、从事此类工作的经验、对课程的预期等（图7-5）；"后测"则是对课程本身的评价、预期的实现程序以及未来的需求等（图7-6）。

出勤	现场解说	提交作业	考核
出勤及学习态度是评价学员的"内因"，占总成绩的30%	从解说主题的命名，到解说的技巧应用，综合考核学员封闭学习的成果，占总成绩的20%	在规定时间内，按要求完成心得分享、案例撰写，占总成绩的15%	在规定时间内组织自然解说活动，讲师进行现场考核，占总成绩的35%

图7-4 学员考核体系

第三届自然解说员培训班
培训前调查问卷

  学员您好！为了更高效地开展本届培训工作，使培训更加切合自然解说员的实际需求，请您认真阅读并填写问卷问题。感谢您的配合！（**请正反面作答**）

一、基本情况（请在选定的选项前"□"上划"√"）

性别：□男 □女

年龄：□30岁以下；□30~40岁；□40~50岁

专业背景： _____

您的工作年限：□1~5年；□5~10年；□10~15年；□15年以上

文化程度：□大专；□本科；□硕士；□博士及以上

二、选择及问答题

1. 您是否曾参加过类似的培训？（ ）如"是"，请列举1~3个。

 A. 是 _____ B. 否

2. 您认为贵单位对此类培训的重视程度？（ ）

A. 非常重视 B. 比较重视 C. 一般 D. 不重视

3. 您认为参加此类培训对于提升您的工作绩效及促进个人能力发展是否有实际的作用？（ ）

A. 非常有帮助 B. 有较大帮助 C. 有一些帮助 D. 基本没有帮助

图7-5 培训前调查问卷

4. 鉴于您对于自然解说的理解和了解，您认为最有效的培训方法是什么（可多选）？

A. 邀请外部讲师进行集中讲授

B. 安排人员到外部培训机构接受相关培训

C. 由单位内部有经验的人员进行讲授

D. 部门内部组织经验交流与分享讨论

E. 其他 _____

5. 您认为，最有效的培训形式是什么？（可多选）

A. 理论讲解 B. 案例分析 C. 模拟及角色扮演 D. 实际操作

E. 研讨会 F. 其他 _____

6. 您对此次培训的期望是什么？

_____

_____

感谢您的配合！

图7-5 培训前调查问卷（续）

第四届自然解说员培训后调查问卷

（请正反面作答）

一、基本情况

性别： □男　□女

年龄： □20~25岁；□26~30岁；□31~35岁；□36~40岁；□>40岁

专业背景： _____

您的工作年限： □1~3年；□4~6年；7~9年；10~15年；□15年以上

文化程度： □高中及以下；□大专；□本科；□硕士；□博士及以上

二、选择题

1. 您对本次培训的整体满意度是（　　　）

A. 非常满意　B. 满意　C. 一般　D. 不满意　E. 非常不满意

2. 您对本次培训形式的满意度是：

知识性	□非常满意 □满意 □一般 □不满意 □非常不满意
趣味性	□非常满意 □满意 □一般 □不满意 □非常不满意
互动性	□非常满意 □满意 □一般 □不满意 □非常不满意
实用性	□非常满意 □满意 □一般 □不满意 □非常不满意
创新性	□非常满意 □满意 □一般 □不满意 □非常不满意
系统性	□非常满意 □满意 □一般 □不满意 □非常不满意

3. 您对本次培训内容的满意度是：

环境教育概论	□非常满意 □满意 □一般 □不满意 □非常不满意
生态心理学	□非常满意 □满意 □一般 □不满意 □非常不满意
环境解说与技巧	□非常满意 □满意 □一般 □不满意 □非常不满意
国内外自然学校案例分享	□非常满意 □满意 □一般 □不满意 □非常不满意
环境教育引导方法与教学实务	□非常满意 □满意 □一般 □不满意 □非常不满意

图7-6　培训后调查问卷

杉木溪运营发展经验及志工管理经验分享	□非常满意	□满意	□一般	□不满意	□非常不满意
夜观及夜观课程分享	□非常满意	□满意	□一般	□不满意	□非常不满意
基础科学调查教学法与实务	□非常满意	□满意	□一般	□不满意	□非常不满意
价值澄清讨论与教学实务	□非常满意	□满意	□一般	□不满意	□非常不满意
游戏课程设计理论	□非常满意	□满意	□一般	□不满意	□非常不满意
课程设计	□非常满意	□满意	□一般	□不满意	□非常不满意
课程带领与解构	□非常满意	□满意	□一般	□不满意	□非常不满意
植物解说技巧分享	□非常满意	□满意	□一般	□不满意	□非常不满意

4.您在培训前的期望是什么？

5.您认为本次培训是否达到您的期望？（　　）

A.没有达到　B.基本达到　C.收获很大

6.您认为通过此次培训，您个人是否达到了自然解说员培训者的标准？

是（　）否（　）

如未达到，您认为是什么原因？

三、问答题

1.请留下您对本次培训的意见及建议。

2.请写出培训期间您印象最深刻的一个人、一句话、一节课、一个环节。

3.除以上课程外，您还希望了解哪些方面的内容？

图7-6 培训后调查问卷（续）

第三节 学员案例及心得分享

一、学员案例分享：我和蜜蜂做朋友

园区概况：八达岭国家森林公园，位于北京市延庆区境内，距北京城区（德胜门）直线距离约60千米，总面积2940公顷。2005年，由国家林业局批准成立国家级森林公园，2006年正式对外接待游客。2019年，共接待游客量40万余人，为市民提供休闲、康体、森林体验旅游活动，社会反响良好。森林公园拥有北京首家森林体验中心，已经成为北京中小学生开展森林体验活动的重要目的地之一。

解说员：赵争。

第一步：立目标。

通过访客们观察蜜蜂、了解蜜蜂的习性、特征、生活方式等，与小蜜蜂建立情感连接，从而提高保护蜜蜂、爱护环境的意识，并且将环保意识传递到每个家庭。

（1）80%以上的访客能了解蜜蜂的习性、特征，懂得蜜蜂在传授花粉的过程中扮演着至关重要的角色。

（2）70%以上的访客能提高动手能力，学会观察蜜蜂的方法，基本掌握制作小花盆、蜂蜡蜡烛的方法。

（3）60%以上的访客做出希望与小蜜蜂做朋友的承诺，愿意保护"蜜蜂"朋友，并将活动感受与家人分享。

第二步：审资源。

具体内容见表7-1。

第三步：读访客。

通过八达岭森林公园2016年开展的森林体验活动情况调查得知，从2016年参与活动的学生及教师共有1104人，其中，小学生800人，中学生215人，教师89人。

（1）主要目标访客是中小学生及亲子家庭。

八达岭国家森林公园荣获"北京市未成年人保护工作先进集体"的称号，还是全国科普教育基地、北京市科普教育基地、全国未成年人生态道德教育基地、延庆区中小学生社会大课堂资源单位、北京林业大学大学生创新创业暑期社会实践基地、北京园林绿化科技创新示范区、北京首批"首都生态文明宣传教育示范基地"。

（2）目标访客居住在北京周边，接触自然机会较少。

城市化的发展也让城市中的荒野迅速消失，取而代之以各种人工环境。这对城市中下一代的直接影响就是"自然缺失症"，城市青少年了解自然生态的机会非常少。这种现象的背后是人与自然关系

表7-1　解说资源调查表

资源名称：	蜜蜂	第 1 页
资源位置：	青龙谷景区	
解说现状：	通过现有的解说牌做了简单的蜜蜂习性解说，没有开展过专题的体验活动	

资源描述：

　　蜜蜂是授粉昆虫的一种，在传授花粉的过程中扮演着至关重要的角色。世界上76%的粮食作物和84%的植物依靠它们传授花粉。蜜蜂数量的减少，意味着粮食、水果、鲜花的产量将随之下降。爱因斯坦曾预言："如果蜜蜂从地球上消失，那人类只能再活4年。"爱因斯坦是不是真的说过这句话我们暂且不论，但蜜蜂对人类的重要性是不言而喻的。地球上的每个物种、每个生命都值得尊敬和保护，与大自然中的各种生物和谐相处，是人类的基本生存之道。

季节的可进入性：

　　春季、夏季。体验人数每次限制20人以内。

解说的意义：

　　1. 通过观察蜜蜂标本来了解蜜蜂构造、生活习性。
　　2. 观察蜜蜂采蜜，了解蜜源植物，发现蜜蜂对人类生活的重要性。
　　3. 了解蜜蜂与人类密不可分的关系。

解说重要程度： □1　□2　□3　□4　☑5

的断裂、扭曲，甚至对立。如果没有对于环境的第一手的学习和体验，没有真实的对于自然的认知和情感，所谓的"环境意识"提高就是片面局限的，是建立于"恐惧"而非"关爱"之上，不能支撑起有效的态度和行为的改变。我们要以实际行动来为孩子们创造更多亲近自然、学习自然的机会，努力不让这一代青少年成为"林间最后的小孩"。

（3）家庭成员共同参与活动的居多。

通过孩子们小手拉大手，把环保的理念进一步传递给家长。在森林体验活动中让孩子们观察自然中的点点滴滴，拉近生活与自然的距离，修复儿童与自然的连接，唤起孩子们对美好自然的向往，以及敞开心灵与之亲近，进而关心生命、培养情感。让孩子在自然的世界里学习，培养他们尊重自然、敬畏自然的态度。

第四步：定主旨。

我和蜜蜂做朋友——让孩子们亲自接触大森林，亲身体验森林环境的美妙，留下森林中美好快乐的记忆。通过自己观察蜜蜂及了解蜜蜂的习性、特征、生活方式等，与小蜜蜂建立情感联结，从而提高孩子们保护蜜蜂、爱护环境的意识。这样通过小手拉大手，使环保意识深入每个家庭。

蜜蜂是授粉昆虫的一种，在传授花粉的过程中扮演着至关重要的角色。蜜蜂数量的减少，意味着粮食、水果、鲜花等产量将随之下降。所以蜜蜂对人类的重要性是不言而喻的。

第五步：选方法。

活动场地：

八达岭森林体验馆、户外森林体验径。

参与人数：

20人以下适宜，小学低年级（6～10岁）。

人员配备：

自然解说员一名：负责整个活动的解说及活动流程设计与安排。

助理一名：负责协助解说员游戏和活动的顺利实施，与相关人员沟通等事项。

安全纪律人员1～2名（学校带队老师）：负责孩子的纪律、安全、医疗等事项。

后勤人员：负责午餐、饮用水的准备及车辆的安排等。

安全事项：

对蜜蜂、蜂蜜、花粉过敏者不适合参加。

携带便携式水杯、防虫药品、急救包。

活动步骤：

（1）活动开场。

主要方法：自我介绍、活动介绍、引发孩子们的兴趣，带领孩子们制作自然名牌，讲讲《我与自然名》的故事；进行破冰游戏（蜜蜂—山雀—猎人）。

方法说明：选择一块空地，将参与者分为两队，划清界限，圈定一个区域为各自的"家"，选择森林中常见的食物链关系，例如，蜜蜂—山雀—猎人，分别将其扮演出来。游戏开始，每队小声讨论出要扮演的角色，然后站在分界线两侧，互相有一步之遥的距离，主持人一声令下，"开始！"，两队同时扮演出角色，遵循"山雀吃蜜蜂、蜜蜂蜇猎人、猎人打山雀"的食物链关系，开始互相追逃，被追的成员安全回家，游戏继续开始，如果没有到达安全区域被追上的成员，将成为另一队的成员，如果扮演角色相同，双方互相握手，重新讨论，继续游戏。根据整体活动安排，可自行控制游戏进行几轮。

时间：25分钟。

地点：森林体验馆及周边空地。

材料：木牌、绳子、画笔、剪刀、麻绳。

（2）观察蜜蜂。

主要方法：让孩子们观察蜜蜂标本，对蜜蜂的特征、习性进行简单解说，让孩子们画下属于自己的小蜜蜂（自然笔记）。

时间：20分钟。

地点：森林体验馆（室内与室外均可）。

材料：蜜蜂标本、放大镜、活动手册、画笔。

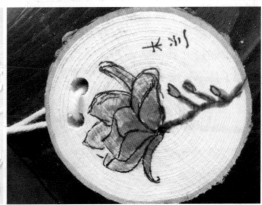

学生们制作的自然名牌

（3）蜜蜂行动。

主要方法：体验馆周边空地集合（同学喝水、上厕所），说明安全事项，介绍活动方法。

方法说明：森林的小勇士们，刚才我们观察了小蜜蜂的标本，知道了它们的样子。现在，在外面的这片森林中，有一群可爱勤劳的小蜜蜂想和我们交朋友，我们一起去寻找它们，好吗？不过，它们给我们的小朋友布置了一些任务，我们完成了任务，就可以成为它们的朋友，得到它们珍贵的礼物。小朋友们，你们想成为小蜜蜂的朋友吗？好的，刚才有一只小蜜蜂悄悄地把一张写有任务线索的小纸条放在了老师的口袋里，我们一起来看看是什么，然后一起出发去完成任务吧。

在路途中观察蜜蜂采蜜，通过定向问题了解蜜蜂生活习性、与人类的关系等相关知识。让孩子们意识到地球上的每个物种、每个生命都值得尊敬和保护，与大自然中的各种生物和谐相处，利用人类的力量让自然环境更加和谐美好，才是人类根本的生存之道。

时间：90分钟。

地点：森林体验径（室外）。

材料：定向活动任务袋、题目卡（蜜

蜂图片、植物图片、蜜蜂拼接模型）、线索卡。

（4）蒙眼毛毛虫游戏。

方法说明：调动触觉、听觉、嗅觉等感官，感受森林，分辨蜜源植物。蜜蜂是授粉昆虫的一种，在传授花粉的过程中扮演着至关重要的角色。蜜蜂数量的减少，意味着粮食、水果、鲜花等产量将随之下降。所以蜜蜂对人类的重要性是不言而喻的。

每人发一个眼罩，在解说员引导下，蒙上眼睛在林中安静地行走一段路，解说员给每人手中放一个"八森自然物"。引导孩子们打开其他感官：你听到了什么？闻到了什么？尝到了什么？放到你手中的

"八森自然物"是什么形状的?摸上去有什么感觉？当蒙上眼睛时你有什么感想，和睁开眼睛时相比的感觉有什么不同?

时间：15分钟。

地点：森林大课堂（室外）。

材料：蒙眼布、蜂蜜（槐花、枣花、荆花、蜂巢）、花粉（松花）、小勺、森林中可拾取物。

（5）制作手工蜂蜡蜡烛。

时间：10分钟。

地点：森林大本营（室内）。

材料：剪刀、纸袋、蜜蜂巢础、蜡芯线。

主要方法：小蜜蜂们很高兴我们完成了任务。现在，我们已经成为了它们的朋

手工蜂蜡制作

友。为了表扬我们这些优秀的森林小勇士，小蜜蜂们送了一些材料给我们，使用它们可以制作出具有魔力效果的小手工，相信你们都很期待了。那么，我们开始吧！

（6）活动反馈。

时间：10分钟。

地点：森林大课堂（室内或室外均可）。

材料：纪念证、纪念品。

故事梗概：森林的小勇士们，今天我们了解了蜜蜂，观察了蜜蜂采蜜的过程，还知道了蜜蜂对于我们人类生活十分重要的作用。那你们想一想，假设有一天，因为我们破坏了它们生存的环境，世界上勤劳的小蜜蜂都消失了，我们人类会怎样？所以说保护蜜蜂、保护小动物、爱护环境，其实是在保护我们人类自己！

作为森林小勇士，你想到怎样做才能保护小蜜蜂和它们的生存环境了吗？

第六步：评效果。

让大家填写森林体验活动反馈意见表（表7-2、表7-3），以了解参与者对本次活动的满意程度、意见及建议，以利课程设计的改进升级。大家共同观看用活动照片制作的PPT。让每个孩子谈谈参加活动的感想和体会，以及参加活动前后对保护动植物、保护环境的不同认识。为了让森林、让地球更美丽，今后我们要怎么做？

活动合影

表7-2 森林体验活动意见反馈表（孩子）

您的意见对我们来说很重要！
请用几分钟时间写下您的想法、您喜欢的事情，以及您不是特别喜欢的事情。
您的激励和批评将会不断帮助我们改进活动和引导方法。

学校（团队）：			年级：		
学生（儿童）的意见			日期： 年 月 日		
	完美	很好	好	可以	不好
你喜欢这次森林体验引导吗?	☐	☐	☐	☐	☐
你觉得提供的活动怎么样?	☐	☐	☐	☐	☐
你最喜欢的活动（或游戏）是什么？					
你不喜欢的活动（或游戏）是什么？					
在将来的森林体验活动中你希望参加什么活动（或游戏）？					
对我们还有什么意见或改进建议？					
其他建议：					
参加活动前的感受：					
参见活动后的感受：					

表7-3 森林体验活动意见反馈表（成人）

您的意见对我们来说很重要！
请用几分钟时间写下您的想法、您喜欢的事情，以及您不是特别喜欢的事情。
您的激励和批评将会不断帮助我们改进活动和引导方法。

学校（或团队）：		日期：	年	月	日
您和孩子的关系：老师 □　　　　家长　□					
	完美	很好	好	可以	不好
您喜欢这次森林体验引导吗？	□	□	□	□	□
您觉得提供的活动项目怎样？	□	□	□	□	□
您最喜欢的具体活动项目（或游戏）是什么？					
您不喜欢的具体活动项目（或游戏）是什么？					
您对将来森林体验活动项目（或游戏）的希望是什么？					
您对森林体验活动的改进建议？					
参加活动前的感受：					
参加活动后的感受：					
对活动内容进行简要回顾和评价：					
对引导方法简要回顾和评价：					
对森林解说员解说的简要回顾和评价：					
希望/改进建议/激励：					
其他意见：					

二、学员心得分享

赵玲（薰衣草）

自然解说不仅是用语言，更是用游戏带领更多人走向自然的怀抱。

自然解说员是带领人们一起观察自然、解读自然、探索自然、发现自然之美，引导体验者感受大自然所带来的心灵感受，领悟与自然之间紧密的联系。

赵峥（紫苏）

当我看到，因为我的解说，孩子们也对自然有了兴趣，会关心一朵小花、一片叶子、一只虫子……他们会开始思考我们为什么要保护自然，为什么要敬畏生命……他们会自动捡起森林中的垃圾，他们会尽量不踩到一只蚂蚁……我想这就是我要做自然解说并且想把它做好的意义吧！

肖晓晨（红番薯）

这几天我最大的体会就是感谢、感受、感动，这触发"3感"的体会是我经历了以此精神的洗礼和成长。引用吴校长上课时说的：态度决定高度，格局决定结局，思路决定出路，程度不是重点、学科不是绝对、态度才是关键。

04

洪士寓（鼠儿）

做一个大自然的翻译官，不是去讲授说教，而是用心分享。毕竟，自然才是最好的老师。解说员的身份不该是高高在上的老师，而应该努力做一个发现者、观察者和解读者，再将从自然里读到的精彩之处、经历的动人故事拿来与大家分享。如果自己都不能掌握理解好大自然的语言，又何谈给别人做翻译呢。

05

张秀丽（白桦）

要成为大自然的翻译官，我们首先要常怀一颗感恩的心，感恩老师、感恩父母、感恩朋友、感恩对手、感恩孩子、感恩访客等。但我们更需要感恩的是自然，感恩自然赐予我们阳光、感恩自然赐予我们雨露、感恩自然赐予我们粮食、感恩自然赐予我们的一切一切，并要传递这份感恩的心，让大家学会感恩、尊重、保护和敬畏自然，让更多的人加入感恩自然的行列中。只有了解自然、喜爱自然、感恩自然，才能做到关爱自然，把环境保护作为一种自觉的行动。

06

王程炜（向日葵）

我深深感受到语言的力量、分享的力量。我看到了恰到好处的解说，竟然真的可以使我们的听众通过了解自然，从而欣赏、珍惜自然，达到感恩自然、敬畏自然、保护自然的效果。同时，这也坚定了我想要成为一名自然解说员的信心，我深切感受到作为一名自然解说员的使命感，我为正在从事一项这么美丽的事业感到无比的骄傲与自豪。

07

赵蓓蓓（彩叶）

五天的培训，除了大量知识风暴的冲击，每位热情洋溢的老师，每位全神贯注的学员都深刻感染着自己，活动体验之后每个人的分享，是自己学习提高的过程；每一次分小组团队的合作，完成不同作品的过程，都让自己心潮澎湃，认识到差距，感受到压力，也更加激发动力与热情。在这样良好的氛围中迎来最后的解说考核，很欣喜地看到自己的小小进步，也对未来的解说之路树立起信心。

08

马媛媛（向日葵）

参加培训的每一天，自己就像一棵小苗，努力地汲取养分。5天紧张而充实的学习，让我收获了知识，加深了思考，更结识了一群志同道合的小伙伴。我也会努力将所学内容转化成自身知识，学以致用，将自然教育的理念分享给更多的人，做大自然的翻译官。

09

付桂楠（神秘果）

以前我们更愿意用参与者获得多少有效知识作为解说活动好坏的评价，但通过学习让我意识到，作为自然解说员，我们不应只是知识的传递者。一次成功的自然解说活动不是大量知识的灌输过程，而是应该让参与者收获更多自主观察和体验的感受。所以，在以后的工作中，我会注意避免教学式的知识传输，用生活化的语言去表达自然生态的特征和行为，充分调动参与者的感官系统，形成体验式的学习过程。

10

赵海金（海螺）

山川、河流、鲜花、鸟兽、一草一木在我们眼中是如此的习以为常，我们利用各种资源，充实自己的生命，满足自己的欲望，却很少真正花时间和精力，来了解我们生存的、生活的地方。生活需要用心去体会，去欣赏。我也应当全心全意地领悟生活所赋予我的一切，发现每个事物在不同时刻独特的美！

11

张楠（狐狸）

坦白说，此前参加过许多有关科普解说和科普活动组织的培训。培训所得的材料大多回家后随手一扔，就好像高考之后的考生一般，想要尽快把那些絮絮叨叨的说教抛在脑后。但本次参加自然解说员培训之后，虽然会务组准备的文件材料十分沉重，但我一直舍不得将其藏入书架，而是始终放在手边。在此后几日的工作中，我还多次因为没有把它们随身携带而懊恼。对于我而言，这次培训的课程以及写满笔记的教案，已经成了我日后工作的红宝书。

12

毛菲（菲白竹）

此次培训对我来说可谓是受益匪浅。让我从自以为是一个与自然教育无关的外行人，变成了一个积极推动本单位相关工作的参与者。我希望自己能促进本单位与在此次培训中了解到的相关部门、行业精英和专业组织相互了解，积极寻求合作机会，开拓并推动本单位自然教育的工作；能通过在培训中学习的知识，结合本单位实际情况和实际资源，帮助单位设计开展适合的自然体验内容。

第八章

国际自然解说员伙伴成长

自然解说员培训在美国、日本等国家开始较早，不同国家培训体系和发展阶段也有所不同。美国在大学开设有环境解说专业和专业的评审机构；日本通过民间论坛的形式开启了自然体验性环境教育的序幕；韩国则通过自然休养林建设的推进森林解说的发展和人员培训。

第一节 美国国家公园 解说人员培训

美国是环境解说的起源地，最早开始于美国的国家公园。早期的解说员常常和公园的护林员联系在一起，随着遗产保护、旅游管理、教育、娱乐等的发展，才逐渐被认可。美国国家公园管理局局长顾问费门·提尔顿（Freeman Tilden）在1957年出版的《解说我们的遗产》，为解说专业和解说员的发展起到了重要的推进作用，也是遗产解说的理论基础。"解说员"就成了解说历史、艺术、考古和自然方面从业人员的主要称谓语，解说专业也逐渐受到更多的重视[38]。在美国大学有专门的环境解说专业，也有专业的从业人员的岗前培训，即解说员的认证机构。

1961年,解说职业人士成立"解说自然者协会"（AIN），西部职业人士建立了"西部解说员协会"（WIA），1987年这两个组织合并称为"国家解说协会"（NAI），从此"解说"这个称谓也最终确定下来[38]。

一、美国大学的环境解说专业

随着人们对环境问题的认识逐渐加深，以及生态旅游、自然资源保护管理的发展，环境解说的从业人员的需求也越来越大，美国多所大学开展了环境解说的相关课程，从本科到博士培养专业的解说人才。

邓冰[39]统计美国有68所学校69个院系设置了解说课程，大多分布在林业、园艺、地理、生态、自然资源保护、遗产保护和管理、环境教育等学科，其中，分布最多的院系是环境科学类学科。环境解说的课程设置兼顾了理论和实践，注重自然资源方面的专业知识、解说技巧，同时注重野外实习和季节性实习。在硕士学位教育中，美国的史蒂芬奥斯丁大学与美国国家公园署合作在国家公园署的解说发展项目（IDP）基础上开发了美国第一个资源解说硕士项目[38]。该项目要求学生至少修够30个学分及10门研究生课程，包括口头解说项目、解说写作、解说研究和评估、高级专业解说12个学时的必修课，以及人文因素、野外解说项目、解说规划、解说领导力、数据分析等24学时的选修课，学生修够15个学分，而且达到标准，再提交国家公园署的Stephen Mather培训中心申请，通过后可获得国家公园署的解说认证。

环境解说专业的就业方向主要为公园、自然中心、自然学校、环境教育中心、研学机构等的解说员和环境教育者，同时也有从事解说规划、解说展示设计、解说培训、解说效果评估等工作的人员。

二、美国解说员认证体系

解说员的职业认证在美国有政府机构[如美国国家公园署的解说项目（IDP）认证]，也有专业解说协会认证（如美国国家解说协会），还有大学和政府或非政府组织合作认证的。从事解说员工作的人员通常需要经过专业的培训方能上岗，同时解说员也根据所受培训和工作内容分为不同的岗位，如美国国家公园解说与教育服务员工设置一般有如下几种：首席解说官、部门主管、专职解说员、解说护林员（全职及兼职）、学者专家及志愿者等，这些员工都需进行能力认证后，方可执行工作任务[40]。从目前来看，美国国家解说协会（NAI）的影响力和权威性较高，会员认证人数已经达到4000多名，遍布世界30多个国家。2009年颁布了环境解说专业教育评估、规划规范、研究方法、专业机构四套国际标准，为国际化发展与全球化合作提供参考[41]。下面主要介绍一下美国国家解说协会。

美国国家解说协会（National Association for Interpretation，NAI）1988年由自然解说协会和西部解说员协会合并成立。其中，自然解说协会成立于1954年，西部解说员协会成立于1962年。美国国家解说协会面向非正式部门（公园、动物园、自然中心、博物馆、水族馆、旅游公司及历史古迹地）的自然和文化解说员提供培训和合作机会。

美国国家解说协会以"激发领导力和卓越能力，提升自然与文化解说职业能力"为己任，努力满足北美以及全球遗产解说的实践需求。截至2010年，协会会员遍布全世界30多个国家，9000多人获得解说员认证（Certified Interpretive Guide，CIG）。

（一）美国国家解说协会NAI认证项目体系

美国国家解说协会提供专业的认证程序，传授专业知识和技能，以确保提供有质量的解说服务（图8-1）。认证主要分为两个类别、六种类型，专业类别为解说主管认证（CIM）、解说培训师认证（CIT）、解说策划师认证（CIP）、遗产解说认证（CHI）；培训类别是解说员认证（CIG）和解说接待认证（CIH）。

（二）解说员认证（CIG）

与自然解说员相对应的是解说员认证（Certified Interpretive Guide，CIG），解说员认证项目（CIG）为解说员提供专业训练，并有机会获得国际认证。解说员认证是为提供解说服务，但未设有正规培训课程的机构所设计的。CIG提供了识别关于解说技巧的基本理解力和将这些技巧应用到导游的交流和非正式场合的能力。这个类别是最容易被初级导游、季节性或临时员工接受。

获得CIG必须完成这40个小时的课程，在文献综述报告中取得80%以上的得分，并在现场解说中展示实际应用的合格能力。CIG并非是终身有效，如果你想通过参加学院课程或者是NAI的提升培训继续教育的话，你每四年需要重新认证一次您的证书。NAI承认各种渠道的培训，包括专业组织、机构、研讨会和其他专业的培训师。继续教育或者参与培训机会的证　　新认证的日期等事项。
明文件由申请者自己负责，会通知及时更

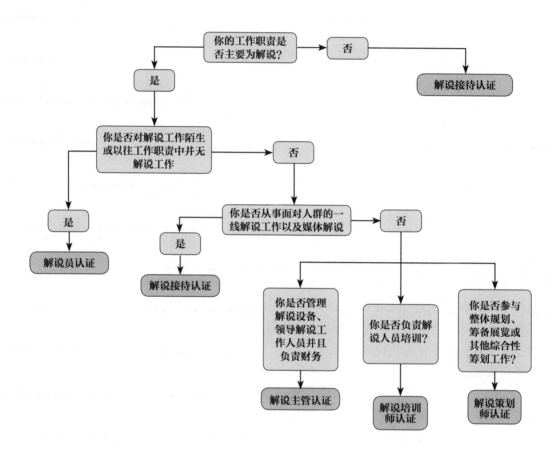

图8-1 美国国家解说协会NAI认证项目体系

第二节 日本森林解说员

一、自然体验活动指导者

（森林解说员）

1987年，来自日本各地关心"环境教育""野外教育""冒险教育"的人们在山梨县的清里举办了第一届"清里论坛"，开启了日本自然体验型环境教育的序幕。在五年后，论坛设立机构，命名为"日本环境教育论坛"（简称JEEF），论坛本身改名为清里会议，至2018年为止共举办了32届。随着日本全国对环境教育的推广，日本已经有4000多所自然学校，对人才的需求也越来越大，JEEF为了帮助社会培养自然学校专业人才，开设了"自然学校指导者培训讲座"，通过集中授课、实践以及实习等课程，培养具有实战能力的自然学校专业指导者。其中，3个月是集中授课，由自然学校专家组成的讲师团进行授课，另有6个月则可按照个人的喜好、今后的择业方向，选择去适合自己的自然学校参加实习。截至2015年，这项培训共开展了15期，共120名多名毕业生，有些创立了自己的自然学校。

除了培养专业人才以外，为了让日本自然体验活动的整体水平获得提高，2000年，JEEF受日本文部省的委托，建立办公室，负责设立了"自然体验活动推进协议会（CONE）"，CONE由日本300个团体联合组成的，是以"自然体验"为主题，以"自然体验活动宪章"为基准，推广和普及内容丰富的自然体验活动的团体，并开启了全国通用的自然体验活动指导者登记制度。CONE是为了促进年轻人和其他许多人的体验活动，提高经验活动领导者的素质和领导能力，包括国家青年教育组织在内的相关机构、组织、专家和其他机构，主要负责培训团体和领导人的认证和注册证书的颁发。CONE的会员团体，不仅有专业机构，也有志愿者团体，2012年时，注册指导师已超过15000人。2013年，政府加入后，认证体系更名为"NEAL"。

除了以上两个认证的培训制度以外，其他网络组织也有各自的培训体系，例如日本野营协会具有营地指导者培训，森林幼儿园网络联盟也开展自己的人才培养。

二、自然体验活动指导者的种类和资格获取条件

在日本，关于环境教育、自然体验活动的培训机构和制度很多，除了NEAL和JEEF培训以外，日本自然保护协会的自

然引导员、全国森林休闲协会的森林导赏员、日本分享自然协会的自然游戏指导者等，都在培训相关自然教育的人才，我们这里主要分享一下自然体验活动推进协议会（CONE）颁发的自然体验活动指导师的相关人才培养情况。CONE的努力成功地提高了日本自然体验活动的质量和安全系数，无论是专业人士还是志愿者，都以获得他们的认证为荣。自然体验活动培训师（trainer），负责策划和运营自然体验活动指导者（初级至高级）的培训、普及和推进自然体验活动，为3年更新一次、每次需要参加培训师更新讲习会，需要定时参加培训师养成会、培训师认定会。报名条件为具有CONE高级资格;参加过培训师养成会；具有3年以上培养指导者的经验（不具有培训师资格也可以参与指导师培养事业，但不能主办培训），以及30天以上策划、管理、运营自然体验活动事业的经验；完成263小时的课业。

注册为"自然体验活动指导者"意味着具有相同的理念和基本能力，这也成为人们相互认同、合作的基础，以及行业的一种标准。以下分享内容来自CONE的官方网站（http://www.cone.jp/）。

ＮＰＯ自然体验活动推进协议会（CONE）根据日本《自然体验活动宪章》促进和推广自然体验活动。作为日本最大的网络组织，由日本最大的团体组成，在自然学校、户外环境教育等领域开展活动，主要在日本全国开展以下三项活动。

（1）培养自然体验活动指导师：培训的指导师活跃在各种自然领域。

（2）安全自然体验活动：为了广泛传播有趣、安全的自然体验活动，在全国范围内举办安全讲座、风险经理（安全管理人员）培训课程和安全评估。

（3）与自然体验相关的各种项目：在培训指导、自然体验学习、风险管理、区域教育等各个领域进行同行研究、活动和公司培训。

（一）什么是自然体验指导师

自然体验活动包括露营、登山、徒步旅行、皮划艇、自然观察、农林渔业体验等各种活动。"自然体验活动指导师"通过专业知识和技能，在大自然中磨炼敏感性，接触当地传统文化和饮食文化，为自然体验活动的传播和推广作出贡献。作为自然体验活动的领导者，可以在各种领域传达自然奇观，并参加由全国领导人参加的研讨会和交流会，以建立超越活动组织和专业领域的网络和信息交流。

（二）如何成为自然活动体验指导者

自然活动体验指导者必须参加并完成培训课程（表8-1），培训组织（由全国经验活动领导者认证委员会认可的培训组织）遍布全国各地，每个培训组织都按照共同课程提供培训课程。

（三）自然活动体验指导者的类型和形象

自然体验活动指导者根据专业知识和经验获得各种资格。

自然体验活动指导者培训课程包括初级、中级和高级3个级别，具体如下。

1 自然体验活动Leader（初级）

NEAL Leader：在自然体验活动上级

指导者和总指导者的指导下，对活动进行支持或者指导。报名条件为18岁以上，考取后证书为终身制。

❷ 自然体验活动Instructor（中级）

NEAL Instructor：在自然体验活动总指导者的指导下，策划自然体验活动、成为活动的实施者，同时指导NEAL指导者。报名条件为具有初级资格、同时具备18小时以上、在CONE培训师的指导下参加实习的经验，证书需要每3年更新一次。

❸ 自然体验活动 Coordinator（高级）

NEAL Coordinator：自然体验活动策划和实施的总负责人，同时对NEAL指导者和NEAL上级指导者进行指导。报名条件为具有中级资格、同时具备30小时以上、在CONE培训师的指导下参加实习的经验。证书需每3年更新一次。

自然体验活动领导者的培训课程根据表8-1的培训课程进行。在"概述"中，主要讲座和实践是"练习"中工作经验（OJT）的核心。

此外，每次研讨会后，学生将参加结业考试，NEAL 讲师和 NEAL 协调员将在完成练习后获得资格。NEAL 领导者在完成导论 I 后获得资格，但如果您要获得高级资格，则必须完成练习I。

表8-1 自然体验活动领导者的培训课程一览表

	NEAL Leader		NEAL Instructor		NEAL Coordinator	
	导论 I	练习 I	导论II	练习 II	导论III	练习III
指导	1.0 小时	–	1.0 小时	–	1.0 小时	–
青年教育的经验活动	1.5 小时	–	–	–	1.5 小时	–
学校教育体验活动	–	–	1.5 小时	–	1.5 小时	–
自然体验活动的特点	3.0 小时	3.0 小时	1.5 小时	3.0 小时	3.0 小时	3.0 小时
了解受众	1.5 小时	3.0 小时	3.0 小时	3.0 小时	4.5 小时	4.5 小时
指导自然体验活动	1.5 小时	3.0 小时	3.0 小时	3.0 小时	3.0 小时	3.0 小时
自然体验活动技术	6.0 小时	6.0 小时	3.0 小时	4.5 小时	–	–
自然体验活动的安全管理	3.0 小时	3.0 小时	3.0 小时	7.5 小时	3.0 小时	3.0 小时
自然体验活动的规划和管理	–	–	6.0 小时	6.0 小时	9.0 小时	9.0 小时
认证考试	0.5 小时	–	0.5 小时	–	0.5 小时	–
总计	18.0 小时	18.0 小时	22.5 小时	27.0 小时	27.0 小时	22.5 小时

第三节 韩国森林解说员

一、森林解说员

自20世纪70年代森林管理和绿化政策的成功实施以来，韩国森林得到迅速恢复，韩国山林厅提出建设全体国民可以享受的森林福利时代。森林福祉起始于20世纪80年代，是指通过采取经济支持、社会关爱和情绪调控，为国民提供以森林为基础的福利服务。在森林多功能经营的框架下，韩国出台森林休养政策，1988年建设了第一个自然休养林（有明山自然休养林），1995年将森林解说引进到自然休养林。2005年为了推进森林休养政策，制定了《森林文化·休养法》，并成立了国立自然休养林管理所。2011年7月，制定《森林教育促进法》，目的是通过发展森林教育让市民获得关于森林的正确知识和价值观，提高市民生活水平，并可持续地保护森林。内容包括森林教育规划、森林教育专家培养、森林教育活动开发、认证的修改或撤销、森林教育中心设置等[42]。

韩国曾于1998年在国民大学平生教育院开设自然环境向导培养课程，以此培育出了第一批森林解说员，自2007年开始，经由山林厅的认证机构对专业的森林解说员进行培养，在2012年森林解说员开始成为一项须获得国家资格认证的职业。在《关于山林教育活性化的法律（2012年7月26日）》中，用于指代森林解说员的称呼为森林解说家、幼儿森指导师、林间步道体验指导师；在《关于山林文化修养的法律》第十一条第二项中，用于指代森林解说员的称呼为山林治愈指导师，它们对森林解说员的定义分别如下。

（1）森林解说家：为使国民通过山林文化休养活动，学习有关山林的知识、树立正确的价值观，而进行解说或指导教育的人。

（2）幼儿森林指导师：为使幼儿通过山林教育陶冶情操，成长为人格健全的人，而进行指导教育的人。

（3）林间步道体验指导师：为使国民进行安全舒适的登山活动，或徒步旅行（边走路边体验当地的历史文化，观赏景观，增进健康的活动），而进行解说或指导教育的人。

（4）森林治愈指导师：能够了解森林所拥有的丰富的物理性环境要素，并将其利用于对人的身心健康治疗活动而进行指导教育的人。

截至2015年，已培养森林解说家6834名，幼儿森林指导师936名，林间步道指导师760名。

二、韩国森林解说员认证

韩国森林解说员由韩国山林厅进行认证，认证分为教育课程（理论部分）和教育活动（实践部分）两部分，同时分为初级和高级两个级别。初级森林解说员的培训课程主要是为了具备草本、木本植物、昆虫、野生动物等森林及生态系统相关知识，培训森林讲解或主题讲解活动开发、运营者的教育课程。高级森林解说员培训课程是培训已修完森林讲解员初级教育课程并指导幼儿森林生态体验活动者（限幼儿园教师、保育教师资格证持有者）或森林医疗活动指导者的教育课程（数据来自韩国山林厅官网）。

教育课程的理论部分，初级为140小时以上的课时，其中，必修课100学时包含森林环境教育论、森林和生态系统、沟通和交流、教育活动开发及运营实习、安全教育及安全管理等。选修课40学时包含森林土壤、地球环境（气候变化、能源等）、爬行动物、两栖动物、水栖生态系统、森林教育活动、体验活动等。高级课程理论课共计440课时，包括幼儿森林生态指导课程、生命学、森林医疗指导课程、森林医疗的要素及功能、医疗评估工具的理解及利用、森林医学、森林医疗活动的设计及开发和森林医疗活动的实习及试演等。其中，部分课程均含有实习和现场学习两部分（表8-2）。

（1）森林讲解员教育课程分为初级·高级两部分，须按照不同课程级别进行培训，需包含现场学习和实习。

初级: 具备草本、木本植物和昆虫及其他野生动物等森林及生态系统相关知识，培训森林讲解或主题讲解活动开发运营者的教育课程。

表8-2 不同级别课程的教育内容

课程级别	教育内容		时间（小时）	备注
	□必修课程		100	
初级（140小时以上）	森林环境教育论	森林环境（构建，经营，利用） 森林讲解概论 环境教育论（环境伦理） 森林与人类（文化）	15	
	森林和生态系统	木本和草本 野生动物 鸟类 昆虫	40	包括实习和现场学习
	沟通和交流	人际关系学 沟通和交流技巧 森林环境教育·教授学习方法	15	包括实习和现场学习
	教育活动开发及运营实习	关于主题讲解活动开发及教育活动运营方法的实习	20	包括认证活动实习
	安全教育及安全管理	应急处理 野外活动指导	10	包括实习和现场学习

（续）

课程级别	教育内容	时间（小时）	备注
初级 （140小时以上）	□选修课程	40	
	森林土壤、地球环境（气候变化、能源等）	40	包括实习和现场学习
	爬行动物、两栖动物、水栖生态系统		
	森林幼儿园等森林教育活动		
	森林医疗、森林胎教、生态公益、自然游戏等体验活动		
高级	□幼儿森林生态指导课程	70	
	生命学	5	
	幼儿森林生态教育学	10	
	幼儿森林生态教育活动的设计及开发	15	包括实习和现场学习
	幼儿森林生态教育活动的理解及实习	40	
	□森林医疗指导课程	150	
	森林医疗的要素及功能	10	
	森林医疗对象的理解	10	
	医疗评估工具的理解及利用	20	包括实习和现场学习
	森林医疗方法及应用	30	
	森林医学	30	
	森林医疗活动的设计及开发	20	包括实习和现场学习
	森林医疗活动的实习及试演	30	

注：根据申请认证者的实际情况，可以添加必要的内容。

高级：培训已修完森林讲解员初级教育课程并指导幼儿森林生态体验活动者（限幼儿园教师·保育教师资格证持有者）或森林医疗活动指导者的教育课程

（2）初级教育课程内应运营最少1个以上的山林厅厅长开发、普及或获得认证的教育活动，获得认证的教育活动应教育5小时以上。

（3）为保证教育课程运营的教育设施应设立在教育环境和保健卫生方面都合适的场所内，实现其目的所必需的设施及场所都应该具备。

但为了给访客提供便利，必要时可配备教室、实习场所、礼堂、会议室、办公室、资料室、图书室、咨询室、电脑室、广播等通信设施，同时配备卫生保健、消防设施及教育所必需的其他设施设备。

（4）各教育课程应由专业讲师进行教授。

（5）教育课程应包含可以测定参加人员是否达到目标的评估工具。

（6）森林讲解员教育课程认证的合适数量由山林厅厅长根据其权限决定并通告。

教育活动（实践部分）主要包含森林文化、休养教育活动的教育内容和教育活动的构成标准，具体内容及标准见表8-3和表8-4。

表8-3 森林文化·休养教育活动的教育内容

教育内容	教育内容明细
（1）森林与人类的关系	森林及森林环境
	森林与人类的相互关系
	人类对森林的影响
	森林开发及保存
	森林具有的多重价值
（2）森林生态系统	森林生态系统的构成要素及变化
	森林生态系统内的能量等循环
	森林生态系统与生物多样性
	森林生态系统与人类活动的关系
（3）对森林生态的调查与分析	森林生态的定义及影响因子
	森林生态的测量、评估方法
	森林生态测量相关的学问
	解决森林环境问题的技术、方法
（4）个人对森林的责任感	个人对森林的要求和权利
	个人对解决森林环境问题的义务和责任
	森林与个人的价值观
	解决森林环境问题的努力
（5）森林相关问题及解决方案	对提出的解决方案的评估及选择
	预测发生的各种问题的结果及解决方法
	为解决问题提出对策并开发解决方案
	相关信息的共享及扩散方案

表8-4 教育活动的构成标准

领域	标准	项目明细
（1）活动	构成	活动的题目、目的、目标、预期效果
		活动的概要（场所、人数、对象、时间），准备物品，开展过程，开展时的注意事项
		活动整体日程表
		※活动的内容及日程须考虑到教育对象及运营条件
（1）活动	运营	为保证活动运营，确保预算方案
		活动运营必需的人力、装备等
		制作募集教育对象的指南资料等宣传计划
	评估	活动评估计划（标准、程序、方法等）
		能反映活动评估结果的改善系统技术
（2）教授要员	资格	教授要员由可运营相关活动的专家组成

（续）

领域	标准	项目明细
（3） 教育活动的环境	空间及设备	确保教育场所和实习场所等教育必需的空间与安全的设施，并制订计划（方案）
	安全管理计划	考虑活动特点，确立安全管理计划（应对安全事故发生的加入保险等）
	卫生管理	制订餐饮及住宿设施卫生、清洁的生态化管理计划
（4） 活动记录管理	活动记录管理	教育活动记录的维护及管理系统
（5） 住宿设施管理（需要住宿教育时）	住宿设施管理	确保满足教育参加人数的充足的住宿空间，并确立计划 为保证安全，指定夜间生活指导负责人

注： ① 教育活动应设计为可教育5小时以上；
② 教育活动由活动现场教育活动和书面教材教育活动两部分组成；
③ 书面教材教育活动可仅由上表的"（1） 活动"部分构成；
④ ※为提醒注意。

三、森林解说员活动标准手册

为了保证森林解说活动进行和实施效果，韩国山林厅指定了森林解说员活动标准手册，包含事前分析、打招呼、自我介绍、活动简介等内容，具体参见表8-5和表8-6。

表8-5 山林厅森林解说员进行标准手册

0、事前分析
 – 确认今天的预约及停车场情况等
※以租赁巴士、轿车等的数量来掌握团体、家族单位的比率
 – 准确掌握昨天、今天、明天的天气
※需要掌握下雨后岩石的湿滑程度、溪水的水位变化、预测随气温变化而发生的蜂、蛇等
　动物的活动量等细节要素
 – 移动路线的检查
※提前发现危险要素，并及时采取措施
1.打招呼
2.自我介绍
3.介绍地域 / 场所 / 机构
4.关系的构建
 – 向森林解说参加者进行提问（了解参与者的倾向、要求）
 – 有趣的故事
5.活动的简略介绍
 – 进行时的注意事项
 – 介绍山林厅山林福祉、 山林教育政策

6. **移动 / 进行森林解说**

* 注意事项 *

– 表明山林厅森林解说员的身份（资格证、工作牌等）

– 不许使用性骚扰、性猥亵等给体验者带来不快的词汇，禁止不必要或过度的身体接触

7. **节目结束**

表8-6 森林解说员活动策划书

课程名称	做纯天然颜料	解说员	×××
对象	小学生	活动时间	6~10月
人员	20名	所需时间	2小时
地点	×××户外体验场	准备物品	塑料杯、图画纸、毛笔等
主题		素材	
概要	※对课程做简单介绍（课程企划动机、参加人的特点等）		
目的	– 利用树叶、果实等多种森林里的自然材料，制作天然颜料并画画 – 理解森林带给我们的实惠，培养对森林的爱心		
期待效果			
课程日程（按时间）	– 导入（进行时的注意事项等）（10分钟） – 从森林中采集各种颜色的自然材料（树叶、果实等）（10分钟） – 对树叶的色彩进行说明（20分钟） – 收集来的自然材料按照颜色分类后碾碎装进塑料杯（20分钟） – 塑料杯里倒水做天然颜料（10分钟） – 用天然颜料在图画纸上画画（30分钟） – 结束（展示所画作品并点评等）（20分钟）		
活动细节	※详细制定各个活动的具体操作方法、准备材料等 〈导入〉（10分钟） – 打招呼（2分钟） – 课程及活动场所（3分钟） – 准备运动（5分钟）		
活动细节	〈展开〉（100分钟） – 进行活动（100分钟） 〈结束〉（20分钟） – 展示作品并点评（12分钟） – 确认参加者的身体有没有异常（1分钟），问感受（5分钟） – 嘱托事项（1分钟），结束问候（1分钟） 〇形象（照片等） – 和课程关联的代表性照片资料等		
进行时注意事项	– 活动场地中有漆树，注意不要触碰		

参考文献

[1]吴忠宏. 解说专业之建立[J]. 台湾林业, 1997(25)6: 41-47.

[2]王民，蔚东英，陈晨. 通过环境解说实施环境教育的研究[J]. 环境教育, 2005(5): 4-7.

[3]吴必虎，金华，张丽. 旅游解说系统的规划和管理[J]. 旅游学刊, 1999, 14(1): 44-46.

[4]Wu C H. Evaluation of Interpretation: Effectiveness of the Interpretive Exhibit Centers in Taroko National Park, Taiwan [D]. Texas: Stephen F. Austin State University, 1997.

[5]Field D R, Wagar J A. Visitor groups and interpretation in parks and other outdoor leisure settings[J]. The Journal of Environmental Education, 1973, 5(1): 12-17.

[6]赵敏燕，董锁成，吴忠宏，等. 基于中外比较视角的中国森林公园环境解说系统构建研究[J]. 旅游规划与设计, 2019, 29(05): 162-171.

[7]王婧，钟林生，陈田. 国内外旅游解说研究进展[J]. 人文地理, 2015, 30(1): 33-39.

[8]赵敏燕，董锁成，俞晖，等. 中国森林公园环境解说系统研究[M]. 北京: 中国林业出版社, 2019.

[9]Knudson D M, Cable T T, Beck L. Interpretation of cultural and natural resources[M]. 2nd ed. Pennsylvania: Venture Publishing, 2003: 3-4.

[10]National Association for Interpretation. Standards & Practices [EB/OL]. [2015-9-19].http://www.interpnet.com/NAI/interp/About/About_Interpretation/Standards_Practices/nai/_resources/Standards___Practices.aspx?hkey=24e8411c-bed5-43a6-a55f-ecc7251b000f.

[11]赵敏燕，陈鑫峰. 中国森林公园的管理与发展[J]. 林业科学, 2016, 052(001): 118-127.

[12]俞晖，陈秋华. 城郊森林公园理论与实践[M]. 北京: 中国林业出版社, 2016.

[13]Zhao M Y, Dong S C, Wu H C, et al. Key impact factors of visitors' environmentally responsible behaviour: personality traits or interpretive services? A case study of Beijing's Yuyuantan Urban Park, China[J]. Asia Pacific Journal of Tourism Research, 2018, 23(8): 792-805.

[14]赵敏燕，董锁成，吴忠宏，等. 森林体验教育活动对城市公众环境负责任行为的影响[J]. 资源科学, 2020, 42(3): 583-592.

[15]乌恩，成甲. 中国自然公园环境解

说与环境教育现状刍议[J]. 中国园林, 2011, 27(2): 17-20.

[16]钟永德, 罗芬. 旅游解说规划[M]. 北京: 中国林业出版社, 2008.

[17]Ham S H, Meganck R A. Environmental interpretation in developing countries: crossing borders and rethinking a craft[J]. Legacy, 1994, 5(1): 18-22.

[18]Beck L, Calble T. Interpretation for the 21st century: fifteen guiding principles for interpreting nature and culture[M]. Champaign, Illinois: Sagamore Publishing, 1997.

[19]赵敏燕. 生物圈中的环境解说[J]. 人与生物圈, 2018(05): 70-73.

[20]赵敏燕, 叶文, 董锁成, 等. 中西生态旅游解说系统差异化研究进展及本土化路径[J]. 地理科学进展, 2016, 35(6): 691-701.

[21]庞嘉文, 徐红罡. 中西文化对自然保护区解说系统设计的影响[J]. 世界地理研究, 2009, 18(1): 165-171.

[22]雷果桓. 基于认知心理学的高中生物学记忆技巧分析[J]. 中国高新区, 2019, 000(001): 88.

[23]王雅薇. 教育心理学基础理论与教育发展新视角[J]. 福建茶叶, 2019(6): 93-94.

[24]王宁宁, 吕兵. 浅谈师范生学习教育心理学的必要性[J]. 才智, 2019(20): 52-53.

[25]崔胜涛. 浅谈积极心理学在教育中的作用[J]. 科技视界, 2019(009): 188-189.

[26]吴建平. 生态心理学探讨[J]. 北京林业大学学报(社会科学版), 2009(3): 37-41.

[27]肖志翔. 生态心理学思想反思[J]. 太原理工大学学报(社会科学版), 2004(01):

69-71.

[28]朱琼, 吴建平. 生态心理学视角下的心理健康标准[J]. 中国健康心理学杂志, 2010, 018(005): 630-633.

[29]保罗·贝尔, 托马斯·格林, 杰弗瑞·费希尔, 等. 环境心理学: 第5版[M]. 朱建军, 吴建平, 译. 中国人民大学出版社, 2009.

[30]王道俊, 郭文安. 教育学[M]. 7版. 北京: 人民教育出版社, 2016: 3, 67, 95-96.

[31]Novak T P, Hoffman D L, Yung Y F. Measuring the customer experience in online environments: A structural modeling approach[J]. Marketing Science, 2000, 19(1): 22-42.

[32]环境解说实务指南[M]. 林佑龄, 译. 台湾: 华都文化事业有限公司, 2009.

[33]DeGraaf D G, Jordan D J, DeGraaf K H. Programming for parks, recreation, and leisure services: A servant leadership approach and steps to successful programming; A student handbook to accompany programming for parks, recreation, and leisure services: A servant leadership approach[M]. State College, PA: Venture, 1999.

[34]Regnier K, Gross M, Zimmerman R. The interpreter's guide book: Techniques for programs and presentations[M]. 3rd ed. Stevens Point, WI: UW-SP Foundation Press, Inc., 1994.

[35]周儒, 姜永浚. 优质环境学习中心特质之初探[C]//2006年台湾环境教育研讨会论文集. 台中: 台中教育大学, 2006: 879-888.

[36]环境友善种子团队. 课程设计力: 环境教育职人完全攻略[M]. 台北: 华都文

化出版社, 2017.

[37]约瑟夫·柯内尔. 共享自然,珍爱世界: 适用全年龄层的自然觉察活动[M]. 台北: 张老师文化出版社, 2017.

[38]蔚东英, 王民. 国内外大学环境解说专业和解说职业认证[J]. 环境教育, 2010(07): 41-43.

[39]邓冰, 吴必虎, 高向平, 等. 北美大学环境解说专业浅析[J]. 比较教育研究,

2004, 25(12): 67-70.

[40]张佳琛. 美国国家公园的解说与教育服务研究[D]. 大连: 辽宁师范大学. 2017

[41]赵敏燕, 董锁成, 叶文, 等. 国外环境解说专业教育评估体系及启示.旅游规划与设计, 2016(21): 94-100.

[42]肖雁青, 张文涛, 邹大林, 等. 韩国森林福祉现状及对北京的启示[J]. 林业调查研究, 2019(4):130-138.

附录一　北京的自然地理

北京是中华人民共和国的首都,处于太行山与燕山两大山脉交汇之地。自然资源丰富,属于太行山山脉的西山产煤,属于燕山山脉的北山产铁。两大山脉构成的"北京湾"地貌,人杰地灵,成就了北京地区3000多年的建城史和800多年的建都史。

北京地区的地势西北高东南低,山区多属中低山地形,延庆盆地镶嵌于西北部山地之中,北京湾东南是向渤海缓倾的平原。山地一般海拔1000～1500米,门头沟区与河北交界的东灵山海拔2303米,为北京市最高峰;平原区海拔一般在10～60米,通州区柴厂屯一带海拔仅8米,为北京市最低处。

北京地区的水系属海河流域,河网发育,有干、支河流100余条,分属五大水系:大清河水系、永定河水系、北运河水系、潮白河水系以及蓟运河水系,基本流向是西北向东南。五大水系中,除了北运河水系发源于北京地区,其余均发源于境外。永定河官厅水库上游两大支流桑干河和洋河,出库后称永定河,在三家店地区进入平原区,斜穿北京东南部,境内流域面积3168平方千米;潮白河在密云水库上游分为潮河与白河,在密云城南两河汇流,称为潮白河。永定河与潮白河两大水系携带的冲洪积物对北京平原的形成起了重要的作用。

综观北京地貌,依山邻海,如古人所言"幽州之地,左环沧海,右拥太行,北枕居庸,南襟河济,诚天府之国"。

下面介绍的内容,主要针对的是专业的自然解说员,在面向公众介绍北京的自然资源状况的同时,也希望他们可以比较专业地介绍一下北京的地理情况,所以从北京的地理变迁史、北京的地理概况(山脉、岩石、土壤、水文、气候等)和从专业角度、用科普的语言来具体描述十三陵盆地的地理变化作为案例展示。

一、北京的地理变迁史

说到北京的地理变迁史,离不开对整个地球内部板块构造运动和外部风化作用的机理解释,说得通俗一点,就是地球内力造山和外力风化夷平之间的相互作用,形成了今天北京的地理。下面就谈谈北京的地理变迁史。

要想了解北京的地理变迁史,首先要了解我们生活的地球。做个形象的比喻,整个地球像鸡蛋一样,从地心向地表依次由地核(蛋黄)、地幔(蛋清)和地壳(蛋壳)组成。地核由铁镍组成,转速与地壳不一样，于是产生了磁场。地幔谁也没有见过，20世纪70年代苏联的科拉超深井，凿了12000多米也没有见到地幔的玄武岩，现在科学家约定成俗地认定地幔是玄武岩物质，也就是关于地幔说的一元论。玄武岩是火山岩的一种，到处可见，香山是玄武岩、峨眉山是玄武岩、韩国济州岛是玄武岩、日本富士山是玄武岩、美国夏威夷是玄武岩、英国北爱尔兰的巨人之路是玄武岩，举了这么多的例子，其实就是石英含量很少的黑色岩石，以冰岛的裂隙式喷发为代表。地壳是地球的最外层，平均厚度33千米，北京八达岭一带厚达41千米，呈镜像特征，就是说高山下面地壳深，盆地下面地壳浅。地幔玄武岩上涌的过程中，将地壳分为大大小小的板块，这就是大家一致认可的板块学说；南部的印度板块向北部的欧亚板块挤压，致使欧亚板块隆升，成就了地球的最高峰珠穆朗玛峰（海拔8844.43米）；东部的太平洋板块向西部的菲律宾板块挤压，产生了地球上最深的马里亚纳海沟（深11034米）。

现在兴起的板块构造理论能科学地解释北京的地理变迁。内力地质作用的动力是地幔对流，地幔就像锅里熬粥一样上涌，到达地壳处，向四周散开，使得板块运动，板块碰撞，地壳隆升，产生高山。外力地质作用是大气和水对山地的夷平作用，时间长了可以将高山夷平。地球内力与外力共同的地质作用，形成了今天全球的七大洲四大洋，也形成了今天具有北京湾特点的北京地貌。

中国现在的地貌特征是三大台阶，由地球的内力与外力共同地质作用形成。北京处于第二大台阶与第三大台阶的交汇处，在第二大台阶（包括盆地的山地）发现了泥河湾旧石器、周口店猿人、新洞人、田园洞人和山顶洞人，在第三大台阶（平原和山前丘陵）发现了雪山文化和东方广场旧石器。

在第二大台阶上，受距今2303万年（新近纪）以来的新构造运动影响，产生了断陷盆地，外力地质作用使得盆地中聚满了水，成为湖泊，包括延庆盆地、怀来盆地、泥河湾盆地、天镇盆地和宣化盆地，聚满了水的五大盆地在人类刚刚出现时候的生存环境就像今天加拿大与美国交界处的五大湖那样美丽。泥河湾猿人就诞生在这片美丽的土地上，现在科学家仅仅发现了泥河湾猿人使用过的旧石器，还没有找到猿人化石。泥河湾猿人是不是在和现代人开玩笑呢？他们藏在哪里了呢？

第三大台阶上矗立着著名的北京城，今天看来一马平川的平原，距今6600万～2303万年（古近纪）前可是一个深达1500米的大坑，沉积了新生代的松散沉积物，地质学家称为"北京凹陷"。北京凹陷深处（地下1200～1500米）有3层玄武岩，证实古近纪时期的北京地壳曾裂开一道缝隙，地幔物质3次喷发到北京凹陷中。新近纪以来，山地抬升，第二大台阶盆地的三趾马红土沿着永定河峡谷堆积到了第三大台阶的北京凹陷，山顶洞人时期，北京凹陷几乎被填平（地下63～1200米）。北京平原南面的大兴区，在周口店猿人时期还露着一个小山包，地质学家称为"大兴隆起"，山顶洞人时期永定河泛滥，将山地掩埋，形成了今天一望无际的北京平原。继续向南，到了凤河营一带，又是一个与河北省廊坊和固安连在一起的凹陷，下面产石油，华北油田指挥部就住在附近的万庄，地质学家称为"廊固凹陷"。看来平原下面埋藏着远古北京时期的盆地与山脉。多么神秘的北京地理变迁史，让我们一起求索吧！

二、北京的地理概况

北京的地理概况包括山脉、岩石、土壤、植被、水文、气候。

（一）山脉

北京位于太行山（西山）与燕山（北山）的交汇处，属华北大平原的西北边缘，三面环山，一面平地。西山和北山巍峨、峥嵘、俊美、妖娆，即构成天然屏障，又富有旅游风光。两山之间自西南向东北依次有拒马河、大石河、永定河、温榆河和潮白河等五大水系，正是它们对山地的侵蚀下切，雕刻出了北京自然地理的神斧天工之地。更有众多的文化古迹，使这一地区的山山水水如同人间仙境，美不胜收。诸如：横贯北山的万里长城、军都山麓的帝王陵墓、西山脚下的皇家园林、大房山下的北京猿人遗址、延庆古崖的山戎古墓、刻经千载的云居寺石经、拒马河流域的十渡喀斯特风景、大石河流域的喀斯特洞穴群、东灵山和百花山火山岩地貌区的亚高山草甸、云蒙山和盘山的花岗岩地貌、烟波浩渺的密云水库和官厅水库等，真是美不胜收。

（二）岩石

构造：北京地域面积虽小，但所处地质构造环境复杂，保存了从新太古代以来近30亿年间地球发展演化的漫长历史记录，展示出从新太古代以来各个地质历史

发展阶段所形成的丰富多彩的地质现象。北京地区处于柴达木—华北板块（一级构造单元）东部，二级构造单元属华北陆块（克拉通）。在漫长的地质历史发展过程中经历了3个大的构造发展阶段，即太古宙—古元古代的克拉通结晶基底形成发展阶段；中元古代—早中生代中三叠世的拗拉槽与稳定克拉通盖层发育阶段；中生代—新生代陆内（板内）造山复杂构造变形阶段。

地层：北京市地层属中朝地层大区的华北地层区。除普遍缺失古元古界、新元古界震旦系、古生界上奥陶统至下石炭统、白垩系上统、古近系古新统外，从新太古界至第四系均有出露，地层总厚度约33000米，其中，以中—新元古界、中生界和第四系的分布面积最大。

侵入岩：地质历史上，北京的岩浆侵入活动较为强烈。新太古代以超镁铁质岩浆为代表。中元古代，东部及东北部发生了规模不大，但以双峰式富钾碱性岩浆为特征的侵入活动。晚古生代，零星的岩浆侵入活动也有发生。中生代是本区岩浆活动最强烈的时期，岩浆侵入活动延续了1亿年之久，形成了大小侵入体230余个。新生代的岩浆活动规模很小，岩浆成分以超基性—基性为主，侵位深度浅，产状以层状或脉状为特征。

火山岩：火山活动主要有五期，即元古代大红峪期、中生代的南大岭期、髫髻山期、张家口期和新生代的前门期。它们分别构成了大红峪组、南大岭组、髫髻山组、张家口组的主要岩层。前门期玄武岩只发育在平原区下部的北京凹陷内，被巨厚的新生代松散沉积物覆盖，地表没有出露。

（三）土壤

北京的土壤形成因素复杂，土壤类型多种多样，其地带性土壤为褐土。

北京市土壤共划分为7个大类、17个亚类。7个大类为山地草甸土、山地棕壤、褐土、潮土、沼泽土、水稻土、风砂土。

北京市山地淋溶褐土所占面积最大，其次是普通褐土和潮土。

北京郊区大部分土壤缺硼和锌，部分土壤锰含量不足，局部土壤有缺铁现象，只有铜含量较为丰富。

北京市土壤随海拔由高到低表现了明显的垂直分带的规律。

（四）水文

北京市有大小河流100余条，分属于海河流域的五大水系，即永定河、拒马河、温榆北运河、潮白河及蓟运河水系。这些河流总的流向是自西北向东南，其中西部为拒马河与永定河水系，中部是温榆北运河水系，东部有潮白河及蓟运河水系。只有温榆北运河水系发源于北京市境内，其他四大水系均来自北京市之外，为过境河流，各水系都有一系列支流，因此，对土壤形成分布有很大影响。在这些河流上先后修建了官厅、密云、金海湖、十三陵等大、中、小水库85座，总库容达72亿立方米，建成水电站119座，并开挖引水渠，疏通南水北调中线工程，初步建立起比较完善的河湖水网。

北京人均水资源占有量165立方米，多年平均降水量571毫米（1961—2018年），地表水多年平均径流量17.72亿立方米，地下水多年平均补给量36.67亿立方米，地下水平均年可开采量23.93亿立方米。

（五）气候

北京位于暖温带半湿润季风气候区的北缘，由于西北山地的屏障影响，全年降水量比同纬度其他地区多，平均降水量为470~660毫米。降水地区不平衡，一般山区大于平原，山区年降水量为650~700毫米，占全市总降水量的61%，而平原区的降水量不足600毫米，占39%，年际变化大。年际变化率为27%，年内分布不均衡，主要集中在4~9月，占年降水量的90%。

北京地区的太阳总辐射量年平均为112~136千卡/平方厘米。其中，山区延庆盆地以及怀柔东北和密云西北部较高，年平均总辐射量136千卡/平方厘米，平原区年平均总辐射量一般为112~136千卡/平方厘米。年日照时数为2084~2073小时，日照百分率平均为60%~65%，由于地带性，特别是非地带性因素的影响，各地热量条件差别很大。平原区气候温暖湿润，年平均气温11~12℃，≥10℃积温虽然都在3000~3500℃，但由于冬季严寒，一般冬季绝对最低气温均在-22℃以下。

附录二 北京山地植物概述

一、北京环境概述

北京市（39°28'N ~ 41°05'N，115°25'E ~ 117°30'E）三面环山，地处华北平原的西北端，面积约16800平方千米。平原位于全市东南部，平均海拔为20~60米；山区位于全市东部，西部及北部地区，面积约为10400平方千米，约占总面积的62%。如果站在北京西北山区向下望去，可谓一览北京小。市区周围山地都不算很高，大多在1000米以下，与河北交界的东灵山为北京的最高峰，海拔为2303米。

北京四季明显却不均匀，凉爽宜人的春秋都很快过去，穿插着高温湿润的夏季和寒冷干燥的冬天，这也是典型的温带大陆性季风气候特征。北京年平均气温虽然在12℃左右，但是一年温差很大，7月最热时候接近40℃，寒冷的1月又经常出现-10℃以下的温度。同样的不均匀情况也出现在降水量方面，按理说全年降水量平均为650毫米左右已经不少，在华北地区也是降雨比较丰富的地区，但是绝大多集中于夏季，春旱严重是北京气候显著特征之一。

北京地带性植被为暖温带落叶阔叶林和温带针叶林。由于水热条件受坡向和海拔制约，使天然植被呈现有规律的垂直分布和过渡交错现象，因为北京植被类型多样，森林、草地、灌丛、湿地等丰富的生态系统应有尽有。此外北京地区受第四纪冰川的影响不大，其植物区系保存有第三纪植物区系的直接后代，但是北京城历史悠久，人为干扰较为严重，原始植被如今很难见到。

二、北京植物概述

据《北京植物志》（1984版）中记载，北京有野生植物140科664属1518种，1992年修订版又增加了79种。综合一些物种的分类处理，新物种和新异名的产生，北京野生植物1580余种，其中80%以上的植物种类分布于西北部山区。

（一）北京植物区系

北京植物区系大部分属于泛北极植物区的中国—日本植物亚区，少数来之于中亚—西亚植物亚区和古热带植物区的东南亚植物亚区。但由于长期的地史变化，人类活动的干扰，种属成分已经发生了很大的变化，目前既有残遗的成分，如臭椿、文冠果、蚂蚱腿子等，也有由热带迁移来的成分，如香椿、荆条等，这也是北京植被类型十分丰富的主要原因。

北京天然被子植物中以菊科、禾本科、豆科和蔷薇科的种类最多，在区系成分还是体现出北温带成分为主。此外在平原地区还具有欧亚大陆草原成分，深山区保留有欧洲西伯利亚成分，同时具有热带亲缘关系的种类在低山平原也存在，反映了组成北京植被区系成分的复杂多样。北京植被类型多样，以各类次生植物群落占优势。有落叶阔叶乔木树种占优势的落叶阔叶林和以油松、侧柏占优势的温性针叶林。北京依旧保留很多古老残遗种，如青檀、独根草等，体现北京受第四纪冰川期影响不大。结合古植物学已有的研究成果，北京植物区系主要是在早第三纪起源和演化发展的。北京早第三纪的植物群中占主要地位的栎类、桦木类、榛属及榆属等，在目前多是北京山区植物群落中的建群种或优势种。作为北京主要树种的油松，很可能在早第三纪的华北地区就已经繁盛。

（二）植物优势类群

依据《北京植物志》，北京地区的优势科为菊科、禾本科、豆科、唇形科、蔷薇科、百合科、十字花科、毛茛科、石竹科及莎草科。菊科作为世界第一大科，且东亚为其主要分化中心之一，具有丰富的物种数量十分合情合理。但是值得注意的是，很多菊科植物均为外来植物，随人类活动来到北京山区地带，成为本地群落的伴生种或散生种，如苍耳属、鬼针草属、飞蓬属、泽兰属植物等。同样在草本植物中占有优势的是豆科和禾本科，它们皆是较为进化的草本科，全球广布，在各种草

本植被中占有优势，与菊科相同很多豆科植物也是随着人类活动被带入本地区。在木本植物方面，蔷薇科植物在北京山地具有较高的多样性。

具体到主要建群物种方面，北京山区优势种群为蒙古栎、山杏、酸枣、油松、侧柏、加拿大杨、辽东栎、山杨、槲树、桦树、桑树、鹅耳枥、栓皮栎、荆条、核桃、三裂绣线菊、蚂蚱腿子、小叶鼠李、平榛、毛榛、中华隐子草等植物。建群物种分布情况与海拔、坡度、坡向、降水以及土壤情况有很大关联，例如随着海拔升高，气温逐步下降，太阳辐射不断增强，平榛、毛榛等因生物特性耐寒成为该区域的优势物种，占据主导地位。

（三）植物分布规律

虽然北京山区面积不大，主要植物种类十分相似，然而在不同区域之间的物种还是有一定差异。物种最丰富的当属松山国家级自然保护区。究其原因在于：首先，区域广大，海拔梯度明显，覆盖从400多米到2200多米的区域，比如海陀山顶草甸是北京山区保存最完好的亚高山草甸；第二，最早建立国家级保护区，保护效果好，人为干扰较轻。不过随着2022年冬奥会相关场地建设的开展，对松山保护区势必要造成一定程度的影响，因此更有必要对松山保护区加大保护力度，做好生态监测工作。此外，雾灵山、喇叭沟门虽然物种总数不如松山及百花山丰富，但是物种的特有性高，也应该予以重点关注和保护。

位于北京最北部燕山山脉的喇叭沟门和西南部太行山山脉的蒲洼在植物科属水平上存在差异，体现了太行山与燕山两大山系植被分布的不同。由两地的物种对

比可知，太行山的蒲洼有较多的南方植物种，如青檀、漆树、鞘柄菝葜等。而位于燕山的喇叭沟门有较多的东北物种，如锦带花等，颇具东北特色。

（四）外来植物与入侵植物状况

外来植物是指由于人类有意或无意的作用被带到了其自然演化区域以外的物种。其中一些物种来到新环境可能会大量繁殖成为入侵物种，对当地生物的生存造成毁灭性灾害。近年来，北京外来植物进入的速度不断加快，多样的气候条件和丰富的生态环境使得北京更容易受到外来有害物种的入侵，而且北京人口、经济建设快速发展和道路的建设也给外来物种提供了扩散的有利途径。入侵植物对北京的生态环境可能造成很大的影响，有些快速繁殖，侵占大面积的土地，使得群落生物多样性降低，影响本土植物的生长，对生物多样性的保护有着极其严重的危害。

我们先来看外来植物，主要是一些农业及园林绿化物种。北京现有外来植物72科165属234种，占有很高的比例，其中物种数在10种以上的依次为豆科（24种）、菊科（20种）、蔷薇科（17种）以及杨柳科（11种）。豆科植物在工业、农业、园林绿化中发挥巨大的作用，特别是作为牲畜饲料，因此被广泛栽培。菊科居于第二位，原因可能是菊科作为大科，物种数多，生态幅广，耐性强，而且菊科植物的生物学特性适应快速扩散及繁殖，很多菊科植物可以借助冠毛像降落伞一样将种子传播到很远的地方。蔷薇科和杨柳科是引种过程中引入植物较多的科，表明这些类群植物除了具有较高的园林价值外，对北京环境也具有较好的适应性。

我们再来看看入侵植物，依据国家环境总局2002年公布的外来入侵植物名录及中国入侵植物数据库对北京地区主要入侵植物进行统计。值得注意的是，很多我们身边十分常见的物种其实也是入侵物种，比如人们爱吃的"槐花"——洋槐，不过洋槐虽然在全国范围内其他一些地区表现入侵危险，在北京对本地植物影响较低。但是有些入侵植物就不是这样了，在北京表现出了严重的危害性，如豚草、三裂叶豚草等，对原有生态平衡产生很大的影响。入侵植物主要以菊科、豆科和苋科为主，而且大多都是草本植物，也能看出这些物种具有很强传播能力，例如很多意大利苍耳的果实很容易被粘在衣服或者动物皮毛被带到更远的地方。